Os jogos e os homens

Coleção Clássicos do Jogo

Coordenadora: Tânia Ramos Fortuna –
Universidade Federal do Rio Grande do Sul

Comissão editorial:
Elder Cerqueira-Santos – Universidade Federal de Sergipe
Ilka Dias Bichara – Universidade Federal da Bahia
João Batista Freire – Universidade Estadual de Campinas
Maria Borja Solé – Universidad de Barcelona
Miriam Storck Palma – Universidade Federal do Rio Grande do Sul
Tizuko Morchida Kishimoto – Universidade de São Paulo

Dados Internacionais de Catalogação na Publicação (CIP)
(Câmara Brasileira do Livro, SP, Brasil)

Caillois, Roger, 1913-1978
  Os jogos e os homens : a máscara e a vertigem / Roger Caillois ; tradução de Maria Ferreira ; revisão técnica da tradução de Tânia Ramos Fortuna. – Petrópolis, RJ : Editora Vozes, 2017. – (Coleção Clássicos do Jogo)

  Título original : Les jeux et les hommes : le masque et le vertige
  Bibliografia

  2ª reimpressão, 2023.

  ISBN 978-85-326-5525-7

  1. Civilização – Filosofia 2. Jogos – Aspectos sociais
  3. Jogos – Filosofia I. Título. II. Série.

17-05753   CDD-306.481

Índices para catálogo sistemático:
1. Jogos : Aspectos sociais : Sociologia   306.481

Roger Caillois

Os jogos e os homens
A máscara e a vertigem

Tradução de Maria Ferreira
Revisão técnica da tradução de Tânia Ramos Fortuna

Petrópolis

© Éditions Gallimard, 1958, 1992.

Tradução do original em francês intitulado
Les jeux et les hommes – Le masque et le vertige

Direitos de publicação em língua portuguesa – Brasil:
1998, 2017, Editora Vozes Ltda.
Rua Frei Luís, 100
25689-900 Petrópolis, RJ
www.vozes.com.br
Brasil

Todos os direitos reservados. Nenhuma parte desta obra poderá ser
reproduzida ou transmitida por qualquer forma e/ou quaisquer meios
(eletrônico ou mecânico, incluindo fotocópia e gravação) ou arquivada em
qualquer sistema ou banco de dados sem permissão escrita da editora.

CONSELHO EDITORIAL

Diretor
Volney J. Berkenbrock

Editores
Aline dos Santos Carneiro
Edrian Josué Pasini
Marilac Loraine Oleniki
Welder Lancieri Marchini

Conselheiros
Elói Dionísio Piva
Francisco Morás
Gilberto Gonçalves Garcia
Ludovico Garmus
Teobaldo Heidemann

Secretário executivo
Leonardo A.R.T. dos Santos

Editoração: Eliana Moura Carvalho Mattos
Diagramação: Sandra Bretz
Revisão gráfica: Nilton Braz da Rocha
Capa: WM design

ISBN 978-85-326-5525-7 (Brasil)
ISBN 978-2-07-032672-3 (França)

Este livro foi composto e impresso pela Editora Vozes Ltda.

Sumário

Apresentação da coleção, 7
Apresentação à edição brasileira, 11
Introdução, 15

Primeira parte, 31
I – Definição do jogo, 33
II – Classificação dos jogos, 45
III – Vocação social dos jogos, 81
IV – Corrupção dos jogos, 87
V – Para uma sociologia a partir dos jogos, 105

Segunda parte, 121
VI – Teoria ampliada dos jogos, 123
VII – Simulacro e vertigem, 135
VIII – Competição e acaso, 161
IX – Ressurgências no mundo moderno, 203

Complementos, 223
I – Importância dos jogos de azar, 225
II – Da pedagogia à matemática, 249

Dossiê, 271

- *Mimicry* entre os insetos, 273
- Vertigem no *volador* mexicano, 276
- O prazer de um macaco-prego em destruir, 277
- Propagação das máquinas caça-níqueis. A paixão que despertam, 278
- Jogos de azar, horóscopos e superstição, 287
- Preferência pelos "estupefacientes" entre as formigas, 288
- Mecanismo da iniciação, 289
- Exercício do poder político pelas máscaras, 291
- Intensidade da identificação com a estrela. Um exemplo: o culto a James Dean, 293
- Ressurgências da vertigem nas civilizações organizadas: os incidentes de 31 de dezembro de 1956 em Estocolmo, 295
- A máscara: atributo da intriga amorosa e da conspiração política, símbolo de mistério e de angústia; seu caráter duvidoso, 297

Apresentação da coleção

A área de estudos sobre jogo, brinquedo, brincadeira e ludicidade, a despeito da crescente quantidade e variedade de oferta de títulos no mercado editorial, clama por ampliar o acesso, na língua portuguesa, a obras por vezes muito citadas, mas pouco conhecidas de seu público leitor, quer por encontrarem-se com edição esgotada, quer por não contarem com tradução em nosso idioma.

A intenção da Coleção Clássicos do Jogo é, pois, reunir obras consideradas fundamentais nessa área, tornando-as acessíveis aos interessados pelo tema.

Seus títulos são, hoje, independentemente de sua antiguidade, clássicos – naquele sentido aventado por Canetti (2009)[1], de livros sem os quais já não é possível viver. Se tomássemos as palavras de Schopenhauer para defini-la, diríamos que a Coleção constitui-se daqueles livros escritos

---

1 CANETTI, E. *Sobre os escritores.* Rio de Janeiro: José Olympio, 2009.

pelos "verdadeiros autores, os fundadores e descobridores das coisas, ou, pelo menos, os grandes e reconhecidos mestres na área" (2008, p. 61)[2].

Identificá-los, porém, não é tarefa fácil, ainda mais em uma época marcada pela valorização do novo, em que impera a cultura da obsolescência, na qual tudo fica "velho" rapidamente, sendo logo substituído por alguma novidade. Nessas condições, nem mesmo os clássicos querem ser clássicos, como declarou Gadamer: "Não quero que se faça de mim um clássico, do qual se coleciona tudo que uma vez se tenha dito, e se deixa de lado" (GRONDIN & GADAMER, 2000, p. 221)[3]. Ao contrário: vale, aqui, a máxima cunhada por Barthes (1992)[4] de que clássica é a obra que se dá a ler ao longo do tempo.

Por isso, sem concorrer com os demais títulos relacionados ao tema do jogo, que se prestam à introdução ao assunto e à orientação de práticas, os títulos da Coleção Clássicos do Jogo pretendem contribuir para adensar conceitualmente a área, oferecendo, com a sua leitura, acesso aos fundamentos teóricos mais profundos desse campo temático.

Além do mais, haja vista a sua interface com outros temas, tais como fantasia, imaginação, ócio e lazer, por exemplo, sua amplitude temática acena para a possibilidade de um amplo leque de títulos, o que permite divisar a longevidade da Coleção.

---

2 SCHOPENHAUER, A. *A arte de escrever.* Porto Alegre: L&PM, 2008 [Org., trad., prefácio e notas de Pedro Süssekind] [Coleção L&PM Pocket, 479].

3 GRONDIN, J. & GADAMER, H.-G. "Entrevista de Jean Grondin a H.-G. Gadamer – Retrospectiva dialógica à obra reunida e sua história de efetuação". In: ALMEIDA, C.L.S. (org.). *Hermenêutica filosófica*: nas trilhas de Hans-Georg Gadamer. Porto Alegre: EDIPUCRS, 2000, p. 203-222.

4 BARTHES, R. *S/Z.* Rio de Janeiro: Nova Fronteira, 1992.

Queremos crer que a publicação dessas obras possa vir a colaborar para revigorar o estudo do jogo no Brasil e nos demais países de língua portuguesa, oferecendo novas e, ao mesmo tempo, já consagradas fontes bibliográficas aos interessados.

Tânia Ramos Fortuna
Coordenadora da Coleção Clássicos do Jogo

Apresentação à edição brasileira

Alguns livros realizam em nossa vida uma espécie de "formação intermediária" – para usar uma expressão de André Green, psicanalista franco-egípcio[1]. Segundo ele, o texto que se torna uma formação intermediária é aquele que "fala ao inconsciente e mobiliza este último num terreno singular que não é nem o do mundo interno mais profundo, nem o da realidade externa", permitindo o contato com "um setor intermediário no qual a análise pode prosseguir ou, em todo o caso, ser relançada".

Mesmo que não se trate de dar prosseguimento à análise psicanalítica através da literatura, como o autor propõe, reitero que algumas leituras preenchem o espaço entre a formação profissional inicial e as necessidades oriundas da vida, isto é, tanto de nosso mundo interno quanto do mundo externo.

---

1 GREEN, A. *Um psicanalista engajado*: conversas com Manuel Macias. São Paulo: Casa do Psicólogo, 1999, p. 139.

É o caso do livro *Os jogos e os homens*, de Roger Caillois. Sua leitura tem permitido a inúmeros leitores, ao redor do mundo, seguir em formação, e isto desde que foi lançado, em 1958.

Finalmente, esta obra essencial para a formação lúdica de estudiosos na área do jogo no mundo todo chega ao Brasil, podendo ser lida em nosso idioma, em uma tradução límpida, bastante fiel à forma loquaz e minuciosa de o autor se expressar.

No texto, ora oferecido aos leitores brasileiros, é possível notar a vigorosa jovialidade da obra de Caillois, cujo conteúdo permanece tão atual, não obstante sua primeira edição ter sido publicada em 1958, e alguns de seus temas serem rigorosamente datados, como o aparecimento dos fliperamas no final da década de 1950, ou seus comentários sobre a explosão de violência juvenil ocorrida em Estocolmo, na Suécia, em 1956. O próprio autor mostra-se, no livro, jovial, com sua capacidade de se espantar perante o mistério sempre renovado do fenômeno lúdico, e sua coragem para perguntar e propor respostas sobre temas tão antigos quanto atuais: O que é o jogo, afinal? Quais as formas que assume, isto é, como os diversos jogos podem ser classificados? Que relações mantêm com a cultura, a sociedade e o próprio processo civilizatório?

Em busca de uma teoria alargada do jogo, Caillois percorre diversos continentes, povos e culturas para recolher numerosos exemplos dos tipos de jogos que aborda e das formas com que se revestem em diferentes contextos sociais. Poder-se-ia dizer que, com esse esforço, Caillois tenta revelar o jogo do jogo. Ele bem sabe, porém, que essa tarefa é impossível, não sendo nunca capaz de ser de todo atingida, pois mistério e incerteza são suas características fundamentais.

Como se não bastasse, a obra também contém uma espécie de "bônus": os capítulos dedicados aos jogos de azar e às análises matemáticas dos jogos, e as extensas notas sobre alguns dos tópicos tratados ao longo do livro, enfeixadas sob o nome de "dossiê".

Percebe-se, ao longo do livro, a insistência de Caillois na tese da gratuidade fundamental do jogo, da mesma forma que chama a atenção para a sofisticada discussão conceitual que empreende em torno do termo "jogo". Ambos os assuntos ocupam um lugar central nos esforços pedagógicos atualmente empreendidos em busca de novas formas de ensinar e aprender, com destaque para a pedagogia lúdica e para o uso educativo dos jogos ditos didáticos. Eles também nos esclarecem a respeito de como e por que os jogos desempenham papel tão destacado na formação social, de modo a ser possível instaurar, como propõe Caillois, uma verdadeira sociologia a partir dos jogos.

Os jogos e os homens é, pois, um livro de leitura fundamental para todos os interessados em educação; mas, também, para aqueles que, curiosos ante a própria vida, desejam saber mais sobre o homem e a sociedade.

Desejamos que seus leitores leiam-no como quem brinca, consumando a máxima de Freud[2] de que a leitura pode ser "uma continuação ou um substituto do que foi o brincar infantil!"

Tânia Ramos Fortuna
Coordenadora da Coleção Clássicos do Jogo

---

2 FREUD, S. Escritores criativos e devaneios (1907). In: *Obras psicológicas completas de Sigmund Freud.* Vol. IX. Rio de Janeiro: Imago, 1976, p. 152.

Introdução

Os jogos são incontáveis e variados: jogos de sociedade, de destreza, de azar, jogos ao ar livre, de paciência, de construção etc. Apesar desta diversidade quase infinita e com uma extraordinária constância, a palavra jogo sugere igualmente as ideias de desenvoltura, de risco ou de habilidade. Sobretudo estimula invariavelmente uma atmosfera de descanso ou de divertimento. Relaxa e distrai. Sugere uma atividade sem pressões, mas também sem consequências para a vida real. Opõe-se à seriedade desta última e se vê, assim, qualificado como frívolo. Por outro lado, opõe-se ao trabalho assim como o tempo perdido se opõe ao tempo bem empregado. Com efeito, o jogo não produz nada: nem bens, nem obras. É essencialmente estéril. A cada nova partida, e poderiam jogar por toda a vida, os jogadores repartem do zero e nas mesmas condições do início. Os jogos a dinheiro, apostas ou loterias não são exceção: não criam riquezas, apenas as deslocam.

Esta gratuidade fundamental do jogo é justamente a característica que mais o deprecia. Também é ela que permite que todos se entreguem ao jogo com despreocupação e que o mantém isolado das atividades fecundas. Sendo assim, cada um de nós, desde o início, persuade-se de que o jogo não passa de uma fantasia agradável e de uma distração inútil, quaisquer que sejam o cuidado que lhe dediquemos, as faculdades que mobiliza, o rigor que exigimos. É o que se pode perceber na seguinte frase de Chateaubriand: "A geometria especulativa, como as outras ciências, tem seus jogos, suas inutilidades".

Nestas condições, parece ainda mais significativo que historiadores eminentes, após pesquisas aprofundadas, que psicólogos escrupulosos, depois de repetidas e sistemáticas observações, tenham se visto no dever de fazer do espírito do jogo um dos principais motores, para as sociedades, do desenvolvimento das mais altas manifestações de sua cultura e, para o indivíduo, de sua educação moral e de seu progresso intelectual. O contraste entre uma atividade menor, considerada como negligenciável, e os resultados essenciais que subitamente são listados a seu favor chocam demasiado a verossimilhança para que nos perguntemos se não se trata aqui de algum paradoxo mais engenhoso do que fundamentado.

Antes de examinar as teses ou as conjeturas dos panegiristas do jogo, parece-me útil analisar as noções implícitas que perseguem a ideia de jogo, assim como aparecem nos diferentes usos da palavra, para além de seu sentido próprio, quando é utilizada como metáfora. Se o jogo é verdadeiramente um motor primordial de civilização, não é possível que seus outros significados não se revelem instrutivos.

Em primeiro lugar, em uma de suas acepções mais comuns, mais próximas também do sentido próprio, o termo jogo designa não apenas a atividade específica por ele nomeada, mas também a totalidade das imagens, dos símbolos ou dos instrumentos necessários a essa atividade ou ao funcionamento de um conjunto complexo. É por isso que se fala de um jogo de cartas: o conjunto das cartas; de um jogo de xadrez: o conjunto das peças indispensáveis para jogar esse jogo. Conjuntos completos e numeráveis: um elemento a mais ou a menos e o jogo torna-se impossível ou adulterado, a menos que a retirada ou a adição de um ou de vários elementos seja anunciada antes e responda a uma intenção precisa, como é o caso do *coringa* no jogo de cartas ou da vantagem de uma peça no jogo de xadrez para restabelecer o equilíbrio entre dois jogadores de força desigual. Da mesma maneira se falará de um jogo de órgão, ou seja, o conjunto dos tubos e dos teclados, ou de um jogo de velas, isto é, o aparelho completo das diferentes velas de uma embarcação. Esta noção de totalidade fechada, completa no início e imutável, concebida para funcionar sem outra intervenção externa além da energia que a põe em movimento certamente constitui uma inovação preciosa em um mundo essencialmente móvel, cujos dados são praticamente infinitos e, por outro lado, transformam-se constantemente.

A palavra jogo designa ainda o estilo, a maneira de um intérprete, músico ou ator, isto é, as características originais que distinguem das outras a sua maneira de tocar um instrumento ou de representar um papel. Preso ao texto ou à partitura, nem por isso ele se sente menos livre, dentro de uma certa margem, para manifestar sua personalidade por meio de inimitáveis nuanças ou variações.

O termo jogo combina então as ideias de limites, de liberdade e de invenção. Em um registro próximo, expressa uma notável mistura em que se leem conjuntamente as ideias complementares de sorte e de habilidade, de recursos recebidos do acaso ou do destino e da inteligência mais ou menos viva que os põe em ação e que trata de tirar deles um benefício máximo. Uma expressão como *ter bom jogo* corresponde ao primeiro sentido, outras como *jogar com cautela*, *jogar para ganhar* remetem ao segundo; outras, enfim, como *mostrar seu jogo* ou, ao contrário, *dissimular seu jogo*, referem-se inextricavelmente aos dois: vantagens no início e hábil emprego de uma sábia estratégia.

A ideia de risco vem logo complicar alguns dados por si sós entrelaçados, pois a avaliação dos recursos disponíveis e o cálculo das eventualidades previsíveis são rapidamente acompanhados de uma outra especulação, uma espécie de aposta que supõe uma comparação entre o risco aceito e o resultado esperado. É daí que nascem as locuções como *colocar em jogo, jogar alto, jogar a toalha, sua carreira, sua vida*, ou ainda a constatação de que o *jogo não vale a vela que se queima*, isto é, o maior benefício esperado da partida não paga o custo da vela que o ilumina.

O *jogo*, novamente, aparece como uma noção singularmente complexa que associa um estado de fato, uma distribuição das cartas favorável ou lastimável, em que o acaso é soberano e do qual o jogador herda por felicidade ou por infelicidade, sem nada poder fazer, uma aptidão para tirar o melhor partido desses recursos desiguais, que um cálculo sagaz frutifica e a negligência dilapida, ou seja, é uma escolha entre a prudência e a audácia que traz uma última coordenada: em que medida o jogador está disposto a apostar no que lhe escapa e não naquilo que controla.

Todo jogo é um sistema de regras que definem o que é ou o que não é do *jogo*, ou seja, o permitido e o proibido. Estas convenções são ao mesmo tempo arbitrárias, imperativas e inapeláveis. Não podem ser violadas sob nenhum pretexto, a menos que o jogo acabe no mesmo instante e este fato o destrua, pois a regra só é mantida pelo desejo de jogar, ou seja, pela vontade de respeitá-la. É preciso *jogar o jogo* ou então nem jogá-lo. Mas jogar o jogo é algo muito falado fora do contexto do jogo, e principalmente fora dele, em inúmeras ações e trocas às quais tentamos estender as convenções implícitas que se assemelham àquelas dos jogos. E como nenhuma sanção oficial pune o parceiro desleal, convém ainda mais se submeter às regras do jogo. Ao deixar de jogar o jogo, ele simplesmente tornou acessível seu estado natural e permitiu novamente qualquer exação, astúcia ou resposta proibida que as convenções queriam justamente banir de comum acordo. O que chamamos jogo aparece desta vez como um conjunto de restrições voluntárias, aceitas de bom grado e que estabelecem uma ordem estável, por vezes uma legislação tácita em um universo sem lei.

Por fim, a palavra *jogo* sugere uma ideia de amplitude, de facilidade de movimento, uma liberdade útil, mas não excessiva, como quando falamos de *jogo* de uma engrenagem ou quando dizemos que um navio *joga* sua âncora. Essa amplitude torna possível uma indispensável mobilidade. É o jogo que subsiste entre os diversos elementos que permitem o funcionamento de um mecanismo. Por outro lado, esse jogo não deve ser exagerado, pois a máquina enlouqueceria. Por isso esse espaço cuidadosamente avaliado impede que ela se bloqueie ou se desregule. Jogo significa, portanto, a liberdade que deve permanecer no seio do próprio rigor, para que este adquira ou conserve sua eficácia. Aliás, todo mecanismo pode ser considerado como uma espécie de jogo em um outro sentido da palavra que o dicionário delimita da seguinte maneira: "ação regular e combinada das diversas partes de uma máquina". Uma máquina, com efeito, é um quebra-cabeça de peças concebidas para se adaptarem umas às outras e para funcionar em harmonia. Mas no interior desse jogo, absolutamente exato, intervém, dando-lhes vida, um jogo de outra espécie. O primeiro é combinação rigorosa e relojoaria perfeita; o segundo, elasticidade e margem de movimento.

Aqui estão algumas significações variadas e ricas que mostram como não o jogo em si, mas as disposições psicológicas por ele traduzidas e desenvolvidas podem efetivamente constituir importantes fatores de civilização. Em conjunto, esses diferentes sentidos implicam noções de totalidade, de regra e de liberdade. Um deles associa a presença de limites e a faculdade de inventar no interior desses limites. Outro distingue entre os recursos herdados do destino e a arte de alcançar a vitória apenas com a ajuda dos recursos íntimos, inalienáveis, que só dependem do zelo e da obstinação pessoal. Um terceiro opõe o cálculo e o risco. Outro ainda convida a conceber leis ao mesmo tempo imperiosas e sem outra sanção que sua própria destruição, ou indica a conveniência de harmonizar alguma lacuna ou disponibilidade no coração da mais exata economia.

Existem casos em que os limites se atenuam, em que a regra se dissolve; existem outros, ao contrário, em que a liberdade e a invenção estão quase desaparecendo. Mas o jogo significa que os dois polos subsistem e que uma relação se mantém entre um e o outro. Propõe e propaga estruturas abstratas, imagens de meios fechados e preservados em que concorrentes ideias podem ser exercidas. Essas estruturas, essas concorrências são igualmente modelos para as instituições e as condutas. Com certeza não são diretamente aplicáveis ao real sempre agitado e equívoco, emaranhado e abundante. Onde interesses e paixões não se deixam facilmente dominar. Onde violência e traição são moeda corrente. Mas os modelos oferecidos pelos jogos constituem igualmente antecipações do universo regrado que é conveniente substituir à anarquia natural.

Esta é, reduzida ao essencial, a argumentação de um Huizinga, quando faz derivar do espírito de jogo a maioria das instituições que ordena as sociedades ou das disciplinas que contribuem para sua glória. O Direito entra incontestavelmente nessa categoria: o código enuncia a regra do jogo social, a jurisprudência a estende aos casos litigiosos, o processo define a sucessão e a regularidade dos lances. São tomadas algumas precauções para que tudo ocorra com a transparência, a precisão, a pureza, a imparcialidade de um jogo. Os debates são conduzidos e o julgamento realizado em um recinto de justiça, segundo um cerimonial invariável, que não deixa de evocar, respectivamente, o aspecto consagrado ao jogo (campo fechado, pista ou arena, tabuleiro de damas ou de xadrez), a separação absoluta que deve excluí-lo do resto do recinto enquanto durar a partida ou a audiência e o caráter inflexível e primeiramente formal das regras em vigor.

Em política, entre uma ação violenta e outra (*onde não mais se joga o jogo*), existe ainda assim uma regra de alternância que leva ao poder – e nas mesmas condições – os partidos opostos. A equipe que governa, e que joga corretamente o jogo, isto é, segundo as disposições estabelecidas e sem abusar das vantagens oferecidas pelo usufruto momentâneo do poder, exerce este último sem utilizá-lo para destruir o adversário ou para retirar dele qualquer oportunidade de lhe suceder pelas formas legais. Sem isso, é a porta aberta para a conspiração ou a revolta. Tudo se resumiria então a uma brutal prova de forças que as frágeis convenções não mais temperariam, aquelas mesmas que tinham como resultado estender à luta política as leis claras, objetivas e incontestáveis das rivalidades represadas.

E não é diferente no campo estético. Em pintura, as leis da perspectiva são em grande parte convenções. Engendram hábitos que, no fim, fazem-nas parecer naturais. Para a música, as leis da harmonia; para a arte dos versos, as da prosódia e da métrica; qualquer outra imposição, unidade ou cânone para a escultura, a coreografia ou o teatro. Todas compõem da mesma forma legislações diferentes, mais ou menos explícitas e detalhadas, que ao mesmo tempo guiam e limitam o criador. São como as regras do jogo por ele jogado. Em contrapartida, engendram um estilo comum e reconhecível em que se reconciliam e se compensam a variedade do gosto, a provação da dificuldade técnica e os caprichos do gênio. Essas regras têm algo de arbitrário, e aquele que as considerar estranhas ou incômodas tem autorização para recusá-las e pintar sem perspectivas, escrever sem rima nem cadência, compor fora dos acordos admitidos. Ao fazê-lo, não joga mais o jogo e contribui para destruí-lo, pois essas regras, como para o jogo, só existem na medida em que são respeitadas. Negá-las, todavia, é ao mesmo tempo esboçar os futuros critérios de uma nova excelência, de um outro jogo cujo código ainda vago se tornará por sua vez tirânico, domesticará a audácia e interditará novamente a fantasia sacrílega. Toda ruptura que quebra uma proibição oficial já desenha um outro sistema, não menos rigoroso e não menos gratuito.

Nem a própria guerra é o campo da violência pura, mas tende a ser o da violência regrada. As convenções limitam as hostilidades no tempo e no espaço. Iniciam-se com uma declaração que define solenemente o dia e a hora em que o novo estado de coisas entra em vigor. E terminam com a assinatura de um armistício ou de um ato de rendição que da mesma forma define seu fim. Outras restrições excluem das operações as populações civis, as cidades abertas; esforçam-se para interditar o emprego de certas armas, garantem o tratamento dos feridos e dos prisioneiros. Nos tempos da guerra dita cortês até a estratégia era convencionada. As marchas e contramarchas deduzem-se e articulam-se como combinações de xadrez e às vezes os teóricos podem avaliar que o combate não é necessário para a vitória. As guerras dessa espécie se assemelham claramente a um tipo de jogo: mortífero, destruidor, mas regrado.

Por esses exemplos é possível perceber uma espécie de impressão de influência do princípio do jogo, ou pelo menos uma convergência com suas ambições próprias. É possível seguir o progresso em si da civilização na medida em que esta consiste em passar de um universo grosseiro a um universo administrado, baseado em um sistema coerente e equilibrado, ora de direitos e de deveres, ora de privilégios e de responsabilidades. O jogo inspira ou confirma esse equilíbrio. Oferece continuamente a imagem de um meio puro, autônomo, em que a regra, respeitada voluntariamente por todos, não favorece nem prejudica ninguém. Constitui uma ilhota de clareza e de perfeição, mesmo infinitesimal e precária, mesmo revogável e que desaparece por si só. Mas essa duração efêmera e essa extensão rara, que deixam de fora as coisas importantes, têm pelo menos valor de modelo.

Os jogos de competição resultam nos esportes; os jogos de imitação e de ilusão prenunciam os atos do espetáculo. Os jogos de azar e de combinação estiveram na origem de muitos desenvolvimentos da matemática – do cálculo das probabilidades à topologia. É visível que o panorama da fecundidade cultural dos jogos não deixa de ser impressionante. Sua contribuição no nível do indivíduo não é menor. Os psicólogos lhes reconhecem um importante papel na história da autoafirmação na criança e na formação de seu caráter. Jogos de força, de destreza, de cálculo são exercícios e treino. Tornam o corpo mais vigoroso, mais flexível e mais resistente, a visão mais afiada, o tato mais sutil, o espírito mais metódico ou mais engenhoso. Cada jogo reforça, exacerba algum poder físico ou intelectual. Pelo viés do prazer e da obstinação, torna fácil o que antes foi difícil ou extenuante.

Ao contrário do que geralmente se afirma, o jogo não é aprendizagem de trabalho. Não antecipa senão em aparência as atividades do adulto. O menino que brinca de cavalo ou de locomotiva de forma alguma se prepara para se tornar um cavaleiro ou um mecânico, nem cozinheira a menina que em travessas imaginárias confecciona alimentos fictícios realçados por condimentos ilusórios. O jogo não prepara para uma profissão definida; introduz-se no conjunto da vida aumentando toda a capacidade de superar os obstáculos ou de enfrentar as dificuldades. É absurdo, e nada acrescenta na realidade, lançar o mais longe possível um martelo ou um disco de metal, ou recuperar e relançar incessantemente uma bola com uma raquete. Mas é vantajoso ter músculos potentes e reflexos rápidos.

O jogo supõe, certamente, a vontade de ganhar ao utilizar da melhor forma possível esses recursos e ao recusar os golpes proibidos. Mas exige muito mais: é preciso ser muito cortês com o adversário, confiar nele por princípio e combatê-lo sem animosidade. É preciso também aceitar de antemão o eventual fracasso, a falta de sorte ou a fatalidade, aceitar a derrota sem cólera nem desespero. Quem se irrita ou se lamenta se desacredita. Com efeito, como toda nova partida aparece como um início absoluto, nada está perdido, e o jogador, em lugar de se recriminar ou de se desencorajar, deve redobrar seu esforço.

O jogo convida, habitua a ouvir essa lição de autocontrole e a estender sua prática ao conjunto das relações e das vicissitudes humanas em que a competição não é mais desinteressada nem a fatalidade circunscrita. Tal desapego em relação aos resultados da ação, mesmo que aparente e sempre incerto, não é pouca virtude. Sem dúvida esse controle é mais fácil no jogo em que, de alguma forma, é exigido e no qual parece que o amor-próprio comprometeu-se antecipadamente a honrar suas obrigações. Todavia, o jogo mobiliza as diversas vantagens que cada um pode ter recebido do destino, o seu melhor zelo, a sorte impiedosa e imprescritível, a audácia de arriscar e a prudência de calcular, a capacidade de conjugar estas diferentes espécies de jogo de uma complexidade maior, que também são jogo e jogo superior, na medida em que é arte de associar utilmente forças de difícil combinação. Em um sentido, nada tanto quanto o jogo exige atenção, inteligência e resistência nervosa. Está provado que leva o indivíduo a um estado, por assim dizer, de efervescência, que, após o ápice, o desempenho, o extremo atingido como por milagre com destreza ou perseverança, deixa-o sem energia nem coragem. Também aqui o desapego é meritório. Assim como aceitar sorrindo perder tudo em um lance de dados ou em uma carta virada.

Além do mais, é preciso considerar os jogos de vertigem e a vibração voluptuosa que se apodera do jogador ao anúncio fatal de que as *apostas estão encerradas*. Este anúncio coloca um fim à discrição de seu livre-arbítrio e torna inapelável um veredito que só a ele cabia evitar ao não jogar. Alguns atribuem, talvez paradoxalmente, um valor de formação moral a esse profundo desespero deliberadamente aceito. Experimentar prazer no pânico, a ele se expor de bom grado na tentativa de não lhe ceder, ter diante dos olhos a imagem da perda, sabê-la inevitável e não encontrar como saída senão a possibilidade de fingir indiferença é, como diz Platão para outra aposta, um belo perigo, que vale a pena ser corrido.

Loyola recomendava que se agisse contando apenas consigo, como se Deus não existisse, mas lembrando-se constantemente de que tudo dependia de sua vontade. O jogo não é uma escola menos rude. Ordena ao jogador que não negligencie nada pelo triunfo, mas que mantenha a devida distância. O que está ganho pode ser perdido, sendo este, aliás, o seu destino. A maneira de vencer é mais importante do que a própria vitória e, de todo modo, mais importante do que a aposta. Aceitar o fracasso como simples contratempo, a vitória sem embriaguez nem vaidade, este recuo, esta última reserva em relação a sua própria ação é a lei do jogo. Considerar a realidade como jogo, conquistar mais terreno para esses costumes que fazem recuar a mesquinharia, a inveja e o ódio é dar prova de civilização.

Essa defesa do espírito de jogo recorre a uma palinódia que sinaliza brevemente suas fraquezas e seus perigos. O jogo é atividade de luxo e que supõe tempo livre. Quem tem fome não joga. Em segundo lugar, como a ele não estamos submissos e como o jogo só se sustenta pelo prazer que sentimos ao praticá-lo, está à mercê do tédio, da saciedade ou de uma simples mudança de humor. Por outro lado, está condenado a não fundar nem produzir nada, pois é de sua essência anular seus resultados, ao passo que o trabalho e a ciência capitalizam os seus e, em certa medida, transformam o mundo. Além do mais, desenvolve, em detrimento do conteúdo, um respeito supersticioso pela forma, que se pode tornar maníaca, com a condição de que se lhe misturem o gosto pela etiqueta, pelo ponto de honra ou pela casuística, pelos refinamentos da burocracia ou pelo procedimento. Por fim, o jogo escolhe suas dificuldades, isolando-as de seu contexto e, de certa forma, *irrealizando-as*. Quer sejam ou não resolvidas, têm como única consequência uma satisfação ou uma decepção, igualmente ideais. Essa benignidade, caso nos habituemos a ela, engana na rudeza das verdadeiras provas. Habitua a não considerar senão os dados despojados e categóricos entre os quais a escolha é necessariamente abstrata. Em resumo, é evidente que o jogo apoia-se no prazer de vencer o obstáculo, mas um obstáculo arbitrário, quase fictício, feito à altura do jogador e por ele aceito. A realidade não é tão delicada assim.

É neste ponto que reside o principal defeito do jogo. Mas faz parte de sua natureza e, sem ele, o jogo estaria também desprovido de sua fecundidade.

Secundum secundatum

Primeira parte

Definição do jogo

Em 1933, J. Huizinga, reitor da Universidade de Leyde, escolheu como tema de seu discurso solene *Os limites do jogo e da seriedade na cultura*. Retomou e desenvolveu suas teses no livro *Homo ludens*, um trabalho original e potente publicado em 1938. Esta obra, contestável na maioria de suas afirmações, nem por isso deixa de ter o efeito de abrir caminhos extremamente fecundos para a pesquisa e para a reflexão. De qualquer modo, cabe a J. Huizinga a honra de ter analisado magistralmente várias das características fundamentais do jogo e de ter demonstrado a importância de seu papel no próprio desenvolvimento da civilização. Por um lado, pretendia oferecer uma definição exata da natureza essencial do jogo; por outro, esforçava-se para expor a parte do jogo que habita ou que vivifica as manifestações essenciais de toda cultura: as artes, bem como a filosofia; a poesia, bem como as instituições jurídicas e até certos aspectos da guerra cortês.

É brilhante a forma como Huizinga efetua essa demonstração. Mas descobre-se o jogo em que, antes dele, não se soube reconhecer sua presença ou sua influência, e que negligencia de forma deliberada, como algo evidente, a descrição e a classificação dos próprios jogos, como se todos respondessem às mesmas necessidades e como se traduzissem indiferentemente a mesma atitude psicológica. Sua obra não é um estudo dos jogos, mas uma pesquisa sobre a fecundidade do espírito de jogo no campo da cultura, e mais precisamente do espírito que preside à determinada espécie de jogos: os jogos de competição regrada. O exame das fórmulas de partida de que se serve para circunscrever o campo de suas análises ajuda a compreender as estranhas lacunas de uma pesquisa que, aliás, é admirável em todos os pontos. Huizinga define o jogo da seguinte maneira:

> Sob o ângulo da forma, é portanto possível, em poucas palavras, definir o jogo como uma ação livre, vivenciada como fictícia e situada fora da vida comum, capaz no entanto de absorver totalmente o jogador; uma ação desprovida de qualquer interesse material e de qualquer utilidade; que se realiza em um tempo e em um espaço expressamente circunscritos, desenrolando-se com ordem segundo regras dadas e produzindo na vida relações de grupo que voluntariamente se cercam de mistério ou acentuam pelo disfarce sua estranheza em relação ao mundo habitual[1].

Tal definição, cujas palavras são, no entanto, preciosas e plenas de sentido, é a um só tempo excessivamente

---

1 *Homo ludens.* Trad. franc. Paris, 1951, p. 34-35. Encontra-se nas p. 57-58 outra definição, menos rica, mas também menos limitativa: *O jogo é uma ação ou uma atividade voluntária, realizada dentro de certos limites fixados de tempo e de lugar, de acordo com uma regra livremente consentida, mas completamente imperiosa, provida de um fim em si, acompanhada de um sentimento de tensão e de alegria, e de uma consciência de ser algo diferente da vida comum.*

larga e estreita. É meritório e fecundo ter percebido a afinidade existente entre o jogo e o segredo ou o mistério, mas essa conivência não poderia, entretanto, entrar em uma definição do jogo, pois este é, geralmente, espetacular, ou até mesmo ostentatório. Sem dúvida, o segredo, o mistério, o disfarce, enfim, prestam-se a uma atividade de jogo, mas convém logo acrescentar que esta atividade se exerce necessariamente em detrimento do segredo e do mistério. Ela o expõe, o publica e, de alguma forma, o *consome*. Em resumo, tende a desviá-lo de sua própria natureza. Mas quando o segredo, a máscara, o costume desempenham uma função sacramental, podemos estar certos de que não existe jogo, mas instituição. Tudo o que é mistério ou simulacro por natureza está próximo do jogo: mas ainda é preciso que a parcela da ficção e do divertimento prepondere, isto é, que o mistério não seja reverenciado e que o simulacro não seja início ou sinal de metamorfose e de possessão.

Em segundo lugar, a parte da definição de Huizinga que apresenta o jogo como uma ação desprovida de qualquer interesse material exclui simplesmente as apostas e os jogos de azar, ou seja, por exemplo, as casas de jogos, os cassinos, os hipódromos, as loterias que, para bem ou para mal, ocupam precisamente uma parte importante na economia e na vida cotidiana dos diferentes povos, sob formas, é verdade, infinitamente variáveis, mas em que a constância da relação azar e lucro é ainda mais impressionante. Os jogos de azar, que também são jogos a dinheiro, não têm praticamente lugar na obra de Huizinga. Esta escolha parcial não é de todo inconsequente.

Mas também não é inexplicável. Decerto é muito mais difícil estabelecer a fecundidade cultural dos jogos de azar do que a dos jogos de competição. Contudo, a influência dos jogos de azar não é menos considerável, mesmo quando avaliada como funesta. Além do mais, não levá-los em consideração acaba originando uma definição do jogo que afirma ou subentende que este não desperta nenhum interesse de ordem econômica. Mas é preciso separar as coisas. Em algumas de suas manifestações, o jogo é, pelo contrário, extremamente lucrativo ou ruinoso, e está destinado a sê-lo. Esta característica, porém, combina com o fato de o jogo, mesmo sob sua forma de jogo a dinheiro, permanecer rigorosamente improdutivo. A soma de ganhos, no melhor dos casos, só poderia ser igual à soma das perdas dos outros jogadores. Quase sempre lhe é inferior, por causa das despesas para o funcionamento, dos impostos ou dos lucros do empreendedor, o único que não joga ou cujo jogo é protegido contra o azar pela lei dos grandes números, ou seja, é o único que não pode sentir prazer no jogo. *Há deslocamento de propriedade, mas não produção de bens.* Além do mais, este deslocamento afeta apenas os jogadores e só na medida em que aceitam, devido a uma livre decisão renovada a cada partida, a eventualidade de tal transferência. Não criar nenhuma riqueza, nenhuma obra é, na verdade, uma característica do jogo. É nisso que se diferencia do trabalho ou da arte. No fim da partida, tudo pode e deve repartir do mesmo ponto, sem que nada de novo tenha surgido: nem colheitas, nem objeto manufaturado, nem obra-prima, nem capital aumentado. O jogo é a ocasião de gasto puro: de tempo, de energia, de engenhosidade, de destreza e, muitas vezes, de dinheiro – para a compra dos acessórios do jogo ou para pagar eventualmente o aluguel do local. Quanto aos profissionais, boxeadores, ciclistas, jóqueis ou atores que ganham a vida no ringue, na pista, no hipódromo ou nos tablados, e que devem pensar no prêmio, no salário ou no cachê, está claro que sob este aspecto não são jogadores, mas profissionais. Quando jogam, jogam um jogo diferente.

Por outro lado, não resta dúvida de que o jogo deve ser definido como uma atividade livre e voluntária, fonte de alegria e de divertimento. Um jogo ao qual fôssemos forçados a participar deixaria imediatamente de ser jogo: tornar-se-ia uma obrigação, um fardo de que teríamos pressa em nos libertar. Obrigatório ou simplesmente recomendado, perderia uma de suas características fundamentais: o fato de o jogador dedicar-se espontaneamente, de boa vontade e para o seu prazer, tendo sempre a total liberdade de escolher a retirada, o silêncio, o recolhimento, a solidão ociosa ou uma atividade produtiva. Daí a definição de jogo proposta por Paul Valéry: é quando "o tédio pode desunir o que a alegria tinha unido"[2]. O jogo só existe quando os jogadores desejam jogar e jogam, ainda que seja o jogo mais absorvente, mais cansativo, na intenção de se divertir e de fugir de suas preocupações, ou seja, para se afastar da vida cotidiana. O mais importante, porém, é que tenham a liberdade de partir quando bem entenderem, dizendo: "Não jogo mais".

Com efeito, o jogo é essencialmente uma ocupação separada, cuidadosamente isolada do resto da existência, e

---

2 VALÉRY, P. *Tel quel*, II. Paris, 1943, p. 21.

geralmente realizada dentro de limites precisos de tempo e de lugar. Há um espaço do jogo: de acordo com casos, a amarelinha, o tabuleiro de xadrez, o de damas, o estádio, a pista, o campo, o ringue, o palco, a arena etc. Nada do que acontece no exterior da fronteira ideal tem importância. Sair do recinto por erro, por acidente ou por necessidade, lançar a bola para além do terreno ora desqualifica, ora acarreta uma penalidade.

É preciso retomar o jogo na fronteira estabelecida. O mesmo vale para o tempo: a partida começa e acaba ao sinal dado. Sua duração é muitas vezes fixada anteriormente. É desonroso abandoná-la ou interrompê-la sem uma razão importante (erguendo a mão, p. ex., nos jogos infantis). Quando adequado, é prolongada após acordo entre os adversários ou por decisão de um árbitro. De todo modo, o campo do jogo é um universo reservado, fechado, protegido, ou seja, um espaço puro.

As leis confusas e complicadas da vida cotidiana são substituídas, nesse espaço definido e durante esse tempo determinado, pelas regras definidas, arbitrárias, irrecusáveis, que é preciso aceitar como tais e que presidem ao correto desenrolar da partida. O trapaceiro, caso as viole, finge ao menos respeitá-las. Não as discute; ele abusa da lealdade dos outros jogadores. Sob este aspecto, devemos concordar com os autores que ressaltaram que a desonestidade do trapaceiro não destrói o jogo. Quem o arruína é o detrator que denuncia a absurdidade das regras, sua natureza puramente convencional, e que se recusa a jogar porque o jogo não tem nenhum sentido. Seus argumentos são irrefutáveis. O jogo não tem outro sentido que ele mesmo. É por isso, aliás, que suas regras são imperiosas e absolutas e vão além de qualquer discussão. Não existe nenhuma razão para que sejam como são, e não diferentes. Quem não as admite com essa característica deve necessariamente considerá-las uma extravagância manifesta.

O jogo só acontece se quisermos, quando quisermos e pelo tempo que quisermos. Nesse sentido, o jogo é uma atividade livre. É, além do mais, uma atividade incerta. A dúvida sobre o desenlace deve permanecer até o fim. Quando, durante uma partida de cartas, o resultado já é praticamente certo, não jogamos mais, cada um baixa seu jogo. Na loteria, na roleta, apostamos em um número que pode ou não sair. Em uma prova esportiva, as forças dos campeões devem ser equilibradas para que cada um deles possa defender sua oportunidade até o fim. Qualquer jogo de destreza traz, por definição, para o jogador, o risco de errar seu lance, uma ameaça de fracasso sem a qual o jogo deixaria de divertir. De fato, não diverte mais aquele que, extremamente treinado ou habilidoso, ganha sem esforço e infalivelmente.

Um desempenho conhecido de antemão, sem possibilidade de erro ou de surpresa, conduzindo claramente a um resultado inelutável, é incompatível com a natureza do jogo. É preciso uma renovação constante e imprevisível da situação, como ocorre em cada ataque ou em cada resposta na esgrima ou no futebol, em cada troca de bola no tênis, ou ainda no xadrez toda vez que um dos adversários move uma peça. O jogo consiste na necessidade de encontrar, de inventar imediatamente uma resposta *que é livre dentro dos limites das regras*. Essa liberdade do jogador, esta margem concedida a sua ação é essencial ao jogo e, em parte, explica o prazer que desperta. É também ela que explica empregos tão notáveis e significativos da palavra "jogo" quanto os observados nas expressões *o jogo* de um artista ou o *jogo* de uma engrenagem para designar, em um caso, o estilo pessoal de um intérprete; no outro, o defeito de ajuste de um mecanismo.

Muitos jogos não têm regras, de modo que elas não existem, pelo menos que sejam fixas e rígidas, para brincar de boneca, soldado, polícia e bandido, cavalo, trenzinho, avião, geralmente nos jogos que supõem uma livre improvisação e cujo principal atrativo vem do prazer de desempenhar um papel, de se conduzir *como se* fosse alguém ou mesmo alguma coisa diferente, uma máquina, por exemplo. Apesar do caráter paradoxal da afirmação, diria que aqui a ficção, o sentimento do *como se* substitui a regra e cumpre exatamente a mesma função. A regra cria uma ficção por conta própria. Quem joga xadrez, barra-manteiga, polo, bacará, apenas por se dobrar às suas respectivas regras, encontra-se separado da vida cotidiana, que não conhece nenhuma atividade que esses jogos se esforçariam em reproduzir fielmente. É por isso que quem joga xadrez, barra-manteiga, polo, bacará o faz *a sério* e não *como se*. Em contrapartida, sempre que o jogo consiste em imitar a vida, o jogador, por um lado, não poderia, evidentemente, inventar e seguir regras que a realidade não comporta; por outro, o jogo é acompanhado pela consciência de que a conduta mantida é um faz de conta, uma simples mímica. Essa consciência da irrealidade básica do comportamento adotado afasta da vida cotidiana, em vez da legislação arbitrária que define outros jogos. É tão precisa a equivalência, que o destruidor de jogos, outrora aquele que denunciava a absurdidade das regras, torna-se agora aquele que rompe o encantamento, aquele que brutalmente se recusa a ceder à ilusão proposta, aquele que relembra ao menino que não é um verdadeiro detetive, um pirata, um cavalo, um submarino, ou, à menina, que não acalenta um verdadeiro bebê ou não serve uma verdadeira refeição às verdadeiras senhoras em sua louça em miniatura.

Sendo assim, os jogos não são regrados e fictícios. São antes ou regrados ou fictícios. É neste ponto que, se um jogo regrado aparece em certas circunstâncias como uma atividade séria e fora do alcance de quem ignora suas regras, isto é, se aparece como fazendo parte da vida cotidiana, esse jogo pode logo fornecer ao novato desorientado e curioso o esboço de um simulacro divertido. É bem fácil imaginar que crianças, a fim de imitar os adultos, manipulem de qualquer jeito peças, reais ou inventadas, em um tabuleiro fictício e considerem divertido, por exemplo, "jogar xadrez".

Essa discussão, destinada a definir a natureza, o maior denominador comum de todos os jogos, tem ao mesmo tempo a vantagem de destacar sua diversidade e de ampliar sensivelmente o universo ordinariamente explorado quando nós o estudamos. Em particular, essas observações tendem a anexar dois novos campos a esse universo: o das apostas e dos jogos de azar, o da mímica e da interpretação. Todavia, restam muitos jogos e divertimentos que eles ainda deixam de lado ou aos quais se adaptam imperfeitamente, como, por exemplo, a pipa ou o peão, os quebra-cabeças, os jogos de paciência e as palavras cruzadas, o carrossel, o balanço e certas atrações das festas populares. Voltaremos a isso. No momento, as análises precedentes já permitem definir essencialmente o jogo como uma atividade:

1º) *livre*: à qual o jogador não pode ser obrigado, pois o jogo perderia imediatamente sua natureza de divertimento atraente e alegre;

2º) *separada*: circunscrito em limites de espaço e de tempo previamente definidos;

3º) *incerta*: cujo desenrolamento não pode ser determinado nem o resultado obtido de antemão, pois uma certa liberdade na necessidade de inventar é obrigatoriamente deixada à iniciativa do jogador;

4º) *improdutiva*: pois não cria nem bens, nem riqueza, nem qualquer tipo de elemento novo; salvo deslocamento de propriedade no interior do círculo dos jogadores, resulta em uma situação idêntica àquela do início da partida;

5º) *regrada*: submetida às convenções que suspendem as leis ordinárias e que instauram momentaneamente uma legislação nova, a única que conta;

6º) *fictícia*: acompanhada de uma consciência específica de uma realidade diferente ou de franca irrealidade em relação à vida cotidiana.

Essas diversas qualidades são puramente formais. Não prejulgam o conteúdo dos jogos. Contudo, o fato de as duas últimas – a regra e a ficção – terem aparecido quase exclusivas uma da outra, mostra que a natureza íntima dos dados que procuram definir implica, e até mesmo exige, que estes também sejam objeto de uma repartição que agora se esforça para levar em conta não características que os opõem como um todo ao resto da realidade, mas aquelas que os distribuem em grupos de uma originalidade decididamente irredutível.

Classificação dos jogos

A quantidade e a variedade infinitas dos jogos fazem logo perder a esperança de descobrir um princípio de classificação que permita reparti-los entre um pequeno número de categorias bem definidas. Além do mais, apresentam tantos aspectos diferentes quanto a possibilidade de múltiplos pontos de vista. O vocabulário corrente mostra bem a que ponto a razão permanece hesitante e incerta, pois emprega várias classificações antagônicas. Opor os jogos de cartas aos de destreza não tem sentido, nem opor os jogos de sociedade aos de estádio. Em um caso, com efeito, escolheram como critério de repartição o instrumento do jogo; em outro, a qualidade principal que ele exige; em um terceiro, o número de jogadores e a atmosfera da partida; em um último, por fim, o lugar onde a prova é disputada. Além disso – o que complica tudo – é possível jogar um mesmo jogo sozinho ou com várias pessoas. Um jogo determinado pode mobilizar várias qualidades ao mesmo tempo ou não requerer nenhuma.

Em um mesmo lugar é possível jogar jogos muito diferentes: tanto os cavalos de madeira quanto o diabolô são divertimentos ao ar livre. Mas a criança que desfruta passivamente do prazer de ser levada pela rotação do carrossel não se encontra no mesmo estado de espírito daquela que aplicadamente procura recuperar de forma correta seu diabolô. Por outro lado, muitos jogos são jogados sem instrumentos nem acessórios. Ao que se acrescenta que um mesmo acessório pode desempenhar funções diferentes de acordo com o jogo considerado. As bolas de gude são geralmente instrumentos de um jogo de destreza, mas um dos jogadores pode tentar adivinhar se, na mão fechada de seu adversário, são em número par ou ímpar: tornam-se então o instrumento de um jogo de azar.

Detenho-me, no entanto, nesta última expressão, pois faz alusão ao caráter fundamental de uma espécie bem determinada de jogos. Seja no momento de uma aposta ou na loteria, na roleta ou no bacará, está claro que o jogador observa a mesma atitude. Não faz nada, espera a decisão do destino. Em contrapartida, o boxeador, o corredor a pé, o jogador de xadrez ou de amarelinha não medem esforços para ganhar. Pouco importa que ora esses jogos sejam atléticos e ora intelectuais. A atitude do jogador é a mesma: o esforço de vencer um rival que está nas mesmas condições de igualdade. Parece assim justificado opor os jogos de azar e os jogos de competição. Sobretudo torna-se tentador procurar se não é possível descobrir outras atitudes não menos fundamentais que, eventualmente, forneceriam as rubricas de uma classificação razoável dos jogos.

*

Depois de examinar as diferentes possibilidades, proponho então uma divisão em quatro rubricas principais conforme, nos jogos considerados, predomine o papel da competição, do acaso, do simulacro ou da vertigem. Denomino-as respectivamente *Agôn, Alea, Mimicry* e *Ilinx*. As quatro pertencem ao campo dos jogos: *jogamos* futebol ou bolinhas de gude ou xadrez (*agôn*) ou *jogamos* na roleta ou na loteria (*alea*), *jogamos de brincar* de pirata ou *jogamos de representar* Nero ou Hamlet (*mimicry*), ou o jogo é provocar em nós, por um movimento rápido de rotação ou de queda, um estado orgânico de confusão e de desordem (*ilinx*). No entanto, essas designações ainda não recobrem completamente o universo do jogo. Distribuem-no em quadrantes onde cada um governa um quadrante original. Delimitam setores que reúnem jogos de mesma espécie. Mas no interior desses setores os diferentes jogos são escalonados na mesma ordem, de acordo com uma progressão comparável. Por isso se torna possível ao mesmo tempo organizá-los entre dois polos antagonistas. Em uma extremidade reina, quase integralmente, um princípio comum de divertimento, de turbulência, de improvisação livre e de alegria despreocupada, por onde se manifesta uma certa fantasia incontrolada que pode ser designada com o nome de *paidia*. Na extremidade oposta, essa exuberância marota e impulsiva é quase que inteiramente absorvida, pelo menos disciplinada, por uma tendência complementar, contrária em certos aspectos, mas não em todos, a sua natureza anárquica e caprichosa: uma necessidade crescente de curvá-la às convenções arbitrárias, imperativas e propositalmente incômodas, de contrariá-la sempre mais, erguendo diante dela obstáculos mais e mais embaraçosos para que lhe seja cada vez mais difícil chegar ao resultado desejado. Este permanece perfeitamente inútil, exigindo mesmo assim uma quantidade sempre maior de esforços, de paciência, de destreza ou de engenhosidade. *Ludus* é o nome que dou a este segundo componente.

Não é minha intenção, ao recorrer a essas denominações estranhas, constituir algum tipo de mitologia pedante, totalmente desprovida de sentido. Mas, na obrigação de reunir sob uma mesma etiqueta manifestações diferentes, pareceu-me que o meio mais econômico de alcançar tal objetivo consistia em procurar nesta ou naquela outra língua o vocábulo ao mesmo tempo mais significativo e mais compreensível possível, para evitar que cada conjunto examinado não acabasse uniformemente marcado pela qualidade particular de um dos elementos que ele reúne, o que acabaria acontecendo se o nome de um deles servisse para designar todo o grupo. No mais, à medida que tentarei estabelecer a classificação na qual me detive, cada um terá a ocasião de perceber por si só a necessidade que encontrei de utilizar uma nomenclatura que não remeta de forma excessivamente direta à experiência concreta, que esteja em parte destinada a distribuir segundo um princípio inédito.

No mesmo espírito, esforcei-me para preencher cada rubrica com os jogos aparentemente mais diferentes, para destacar melhor seu parentesco fundamental. Misturei os jogos do corpo e os da inteligência, os que se apoiam na força com os que recorrem à destreza ou ao cálculo. Também não estabeleci, no interior de cada classe, uma diferença entre os jogos infantis e os dos adultos; e, sempre que possível, procurei no mundo animal algumas condutas homólogas. Ao fazê-lo, tratava-se de ressaltar o próprio princípio da classificação proposta, pois teria menos alcance se não ficasse evidente que as divisões assim estabelecidas correspondem a impulsos essenciais e irredutíveis.

a) Categorias fundamentais

Agôn – Todo um grupo de jogos aparece como competição, isto é, como um combate em que a igualdade das oportunidades é artificialmente criada para que os adversários se enfrentem em condições ideais, suscetíveis de dar um valor preciso e incontestável ao triunfo do vencedor. Portanto, sempre se trata de uma rivalidade que se concentra em uma única qualidade (rapidez, resistência, força, memória, destreza, engenhosidade etc.), que se exerce em limites definidos e sem nenhum auxílio externo, de tal modo que o vencedor apareça como o melhor em uma determinada categoria de proeza. Esta é a regra das provas esportivas e a razão de ser de suas múltiplas subdivisões, quer oponham dois indivíduos ou duas equipes (polo, tênis, futebol, boxe, esgrima etc.), quer sejam disputadas entre um número indeterminado de concorrentes (corridas de toda espécie, concursos de tiro, golfe, atletismo etc.). À mesma classe pertencem ainda os jogos em que os adversários desde o início dispõem de elementos exatamente de mesmo valor e de mesmo número. O jogo de damas, o xadrez e o bilhar oferecem exemplos perfeitos. A busca da igualdade das oportunidades no início é tão evidentemente o princípio essencial da rivalidade que esta é restabelecida por uma *desvantagem* entre jogadores de classes diferentes, ou seja, no interior da igualdade das oportunidades previamente estabelecida arranja-se uma desigualdade auxiliar, proporcional à suposta força relativa dos participantes. É significativo que tal uso exista tanto para o *agôn* de caráter muscular (os encontros esportivos) quanto para o *agôn* do tipo mais cerebral (as partidas de xadrez, p. ex., em que se oferece ao jogador mais fraco a vantagem de um peão, de um cavaleiro, de uma torre).

Por mais cuidadosa que seja a tentativa de organizá-la, nem por isso uma igualdade absoluta parece inteiramente realizável. Algumas vezes, como nas damas ou no xadrez, o fato de jogar primeiro oferece uma vantagem, pois essa prioridade permite ao jogador favorecido ocupar posições-chave ou impor sua estratégia. Ao contrário, nos jogos de apostas, quem declara por último beneficia-se das indicações fornecidas pelas escolhas de seus adversários. Da mesma forma, no croqué, sair por último multiplica os recursos do jogador. Nos encontros esportivos, a exposição, o fato de ter o sol pela frente ou pelas costas, o vento que ajuda ou atrapalha um dos dois campos e nas corridas disputadas em uma pista fechada, o fato de se encontrar no interior ou no exterior da curva constituem, se for o caso, muitos trunfos ou inconvenientes cuja influência não é forçosamente negligenciável. Estes inevitáveis desequilíbrios são anulados ou temperados pelo sorteio da situação inicial, e depois por uma rígida alternância da posição privilegiada.

Para cada um dos concorrentes o incentivo do jogo é o desejo de ver reconhecida sua excelência em um determinado campo. É por isso que a prática do *agôn* supõe uma atenção constante, um treino apropriado, esforços assíduos e a vontade de vencer. Implica disciplina e perseverança. Deixa o campeão aos seus próprios recursos, estimula-o a tirar deles o melhor partido possível, obriga-o, enfim, a servir-se deles lealmente e nos limites fixados. Sendo os recursos iguais para todos, o resultado é, em contrapartida, tornar indiscutível a superioridade do vencedor. O *agôn* se apresenta como a forma pura do mérito pessoal e serve para manifestá-lo.

Fora do jogo ou no limite do jogo é possível encontrar o espírito do *agôn* em outros fenômenos culturais que obedecem ao mesmo código: o duelo, o torneio, certos aspectos constantes e notáveis da guerra dita cortês.

Em princípio, acreditava-se que os animais ignoravam o *agôn,* que não concebiam nem limites nem regras e buscavam apenas em um combate implacável uma brutal vitória. É evidente que nem as corridas de cavalos nem as rinhas de galos poderiam ser invocadas, pois são lutas em que os homens colocam frente a frente animais treinados, segundo normas estabelecidas apenas por eles. Todavia, ao considerar certos fatos, parece que os animais já têm o gosto de se oporem em encontros nos quais, na ausência de regras, como é de se esperar, pelo menos um limite está implicitamente estabelecido e espontaneamente respeitado. É o caso, principalmente, dos gatos e dos cães jovens, das focas e dos ursos jovens, cujo divertimento é derrubarem-se uns aos outros, evitando, no entanto, machucarem-se.

Mais convincente ainda é o hábito dos bovídeos que, com a cabeça baixa, testa com testa, tentam fazer recuar um ao outro. Os cavalos praticam o mesmo tipo de duelo amigável e conhecem mais uma modalidade: para medir forças, erguem-se sobre as patas traseiras e se deixam cair um sobre o outro com todo o peso e com um vigoroso impulso oblíquo, para fazer com que seu adversário perca o equilíbrio. Da mesma forma, os observadores assinalaram vários jogos de perseguição que acontecem após desafio ou convite. O animal que cai nada tem a temer de seu vencedor. O caso mais eloquente é certamente o dos pequenos pavões selvagens chamados "combatentes". Eles escolhem um campo de batalha, "um lugar um pouco elevado", como diz Karl Groos[3], "sempre úmido e recoberto de relva baixa, com um diâmetro de um metro e meio a dois metros". Os machos ali se reúnem diariamente. O primeiro que chega espera por um adversário e a luta começa. Os campeões balançam e inclinam a cabeça várias vezes. Suas penas se eriçam. Correm um contra o outro com o bico levantado e atacam. *Nunca há perseguição ou luta fora do espaço delimitado pelo torneio.* É por isso que me parece legítimo, a partir deste e dos outros exemplos, evocar o termo *agôn*, pois está muito claro que, para cada adversário, o objetivo dos encontros não é causar um prejuízo sério em seu rival, mas demonstrar sua própria superioridade. Os homens só acrescentam os requintes e a precisão da regra.

Entre as crianças, assim que a personalidade se afirma e antes do aparecimento das competições regradas, é possível constatar a regularidade de estranhos desafios, em que os adversários se esforçam para provar quem tem a maior resistência. São vistos apostando em quem fixará o sol por mais tempo, quem resistirá às cócegas, não respirará, não

---

3 GROOS, K. *Les jeux des animaus.* Trad. franc. Paris, 1902, p. 150-151.

piscará os olhos etc. Algumas vezes o desafio é mais sério: trata-se de resistir à fome ou à dor, sob forma de fustigação, de beliscões, de picadas, de queimaduras. Esses jogos de ascetismo, como foram chamados, inauguram então algumas provas mais difíceis que antecipam as sevícias e as chacotas as quais os adolescentes devem suportar quando da iniciação. Distanciam-se tanto do *agôn*, que logo encontram suas formas perfeitas, seja com os jogos e esportes de competição propriamente ditos, seja com os jogos e esportes de destreza (caça, alpinismo, palavras cruzadas, problemas de xadrez etc.) em que os campeões, sem se enfrentar diretamente, acabam participando de um imenso concurso difuso e incessante.

Alea – Em latim é o nome de jogo de dados. Utilizo-o aqui para designar todos os jogos baseados, exatamente ao contrário do *agôn*, em uma decisão que não depende do jogador, sobre a qual não poderia ter a mínima ascendência e que, consequentemente, trata de ganhar mais do destino do que do adversário. Melhor dizendo, o destino é o único artesão da vitória, e esta, quando existe rivalidade, significa exclusivamente que o vencedor foi mais beneficiado por ele do que o vencido. Alguns exemplos puros oferecidos por esta categoria de jogos são os dados, a roleta, o cara ou coroa, o bacará, a loteria etc. Aqui não só buscamos eliminar a injustiça do acaso, mas a própria arbitrariedade deste constitui o único impulso do jogo.

A *alea* marca e revela a generosidade do destino. Em relação a ele, o jogador é inteiramente passivo, não desenvolve suas qualidades ou disposições, os recursos de sua destreza, de seus músculos, de sua inteligência. Apenas aguarda, esperançoso e trêmulo, o decreto da sorte, e arrisca uma aposta. A justiça – sempre buscada, mas desta vez de outra forma, e que tende a se exercer também aqui em condições ideais – recompensa-o proporcionalmente a seu risco com uma rigorosa exatidão. Todo o zelo outrora utilizado para igualar as oportunidades dos competidores é aqui empregado para equilibrar escrupulosamente o risco e o lucro.

Ao contrário do *agôn*, a *alea* nega o trabalho, a paciência, a habilidade, a qualificação; elimina o valor profissional, a regularidade, o treino. Abole em um instante seus resultados acumulados. É desgraça total ou graça absoluta. Dá ao jogador satisfeito infinitamente mais do que uma vida de trabalho, de disciplina e de cansaço poderia lhe oferecer. Aparece como uma insolente e soberana derrisão do mérito. Supõe por parte do jogador uma atitude exatamente oposta àquela de que dá prova no *agôn*. Neste, conta apenas consigo mesmo; na *alea,* conta com tudo, com o mais leve indício, com a mínima particularidade externa que logo considera como um sinal ou uma advertência, com cada singularidade que percebe – com tudo, exceto consigo mesmo.

O *agôn* é uma reivindicação da responsabilidade pessoal; a *alea*, uma renúncia da vontade, um abandono ao destino. Alguns jogos – como o dominó, o gamão e a maioria dos jogos de cartas – combinam o *agôn* e a *alea*, pois o acaso preside à composição das "mãos" de cada jogador e, em seguida, estes exploram, o melhor que puderem e segundo sua força, o prêmio que um destino cego lhes atribuiu. Em um jogo como o *bridge*, são o conhecimento e o raciocínio que constituem a própria defesa do jogador e que lhe permitem tirar o melhor partido das cartas recebidas, mas em um jogo como o pôquer são muito mais as qualidades de penetração psicológica e de caráter.

Em geral, o papel do dinheiro é tanto mais considerável quanto maior é a parte do acaso e, consequentemente, mais fraca a defesa do jogador. A razão para isso aparece claramente: a *alea* não tem como função fazer com que os mais inteligentes ganhem dinheiro, mas, pelo contrário, visa abolir as superioridades naturais ou adquiridas dos indivíduos para colocar cada um em pé de igualdade absoluta diante do cego veredito da sorte.

Como o resultado do *agôn* é necessariamente incerto e deve se aproximar paradoxalmente do efeito do acaso puro, uma vez que as oportunidades dos competidores são, em princípio, tão equilibradas quanto possível, conclui-se que todo encontro que possui as características de uma competição regrada ideal pode ser objeto de apostas, isto é, de *aleas*: as corridas de cavalos ou de galgos, as partidas de futebol ou de pelota basca, as rinhas de galos. Talvez até as taxas das apostas possam variar constantemente durante a partida, segundo as peripécias do *agôn*[4].

Os jogos de azar parecem jogos humanos por excelência. Os animais conhecem os jogos de competição, de simulacro e de vertigem. K. Groos, principalmente, oferece

---

4 Por exemplo, nas ilhas Baleares para a pelota; na Colômbia e nas Antilhas para a rinha de galos. Evidentemente não convém levar em conta os prêmios em espécie que os jóqueis ou os proprietários, os corredores, os boxeadores, jogadores de futebol, ou outros atletas, podem ganhar. Estes prêmios, por mais consideráveis que sejam, não entram na categoria da *alea*. Recompensam uma vitória arduamente disputada. Esta recompensa, que é pelo mérito, não tem nada que ver com o favorecimento do destino, resultado da sorte que permanece o monopólio incerto dos apostadores. É até mesmo o seu contrário.

exemplos impressionantes para cada uma destas categorias. Em contrapartida, os animais, demasiado engajados no imediato e demasiado escravos de seus impulsos, não poderiam imaginar um poder abstrato e insensível a cujo veredito se submeteriam previamente por brincadeira e sem reagir. Esperar passiva e deliberadamente a decisão de uma fatalidade, contar com ela para arriscar um bem para multiplicá-lo na mesma proporção das chances de perdê-lo é uma atitude que exige uma possibilidade de previsão, de representação e de especulação, da qual só uma reflexão objetiva e calculadora é capaz. Talvez seja na medida em que a criança se assemelhe ao animal que os jogos de azar não têm para ela a importância que têm para o adulto. Para ela, jogar é agir. Por outro lado, privada da independência econômica e sem dinheiro que lhe pertença, não encontra nos jogos de azar aquilo que constitui seu principal interesse. São incapazes de encantá-las. Certamente, as bolas de gude são para ela uma moeda. Contudo, para ganhá-las, confia em sua destreza mais do que em sua sorte.

*

O *agôn* e a *alea* traduzem atitudes opostas e de alguma forma simétricas, mas ambos obedecem a uma mesma lei: a criação artificial entre os jogadores das condições de igualdade pura que a realidade recusa aos homens. Pois nada na vida é claro, a não ser precisamente que, no início, tudo nela é nebuloso, tanto as oportunidades como os méritos. O jogo, *agôn* ou *alea*, é portanto uma tentativa para substituir a confusão normal da existência cotidiana por situações perfeitas. Estas são concebidas para que o papel do mérito ou do acaso se mostre nítido e indiscutível. Implicam também que todos devem desfrutar exatamente das mesmas possibilidades de provar seu valor ou, em outra escala, exatamente das mesmas oportunidades de receber um benefício. De uma forma ou de outra, evadimo-nos do mundo fazendo-*o* outro. Também é possível se evadir fazendo-*se* outro. É a isto que responde a *mimicry*.

Mimicry – Todo jogo supõe a aceitação temporária, se não de uma ilusão (ainda que esta última palavra signifique apenas entrar no jogo: *in-lusio*), pelo menos de um universo fechado, convencional e, sob certos aspectos, fictício. O jogo pode consistir não em exibir uma atividade ou em experimentar um destino em um meio imaginário, mas em tornar a si mesmo um personagem ilusório e em se conduzir de acordo com ele. Encontramo-nos então diante de uma série variada de manifestações que tem como característica comum apoiar-se no fato de o sujeito simular crer, fazer crer a si próprio ou fazer com que os outros creiam que é um outro diferente de si mesmo. Esquece, dissimula, despoja-se passageiramente de sua personalidade para fingir uma outra. O termo escolhido para designar tais manifestações foi *mimicry*, que nomeia em inglês o mimetismo, principalmente dos insetos, para ressaltar a natureza fundamental e elementar, quase orgânica, do impulso que as suscita.

O mundo dos insetos surge diante do mundo humano como a solução mais divergente oferecida pela natureza. Ele é milimetricamente o contrário do mundo do homem, mas não é menos elaborado, complexo e surpreendente. Por isso me parece legítimo considerar aqui os fenômenos de mimetismo cujos exemplos mais perturbadores são apresentados pelos insetos. Com efeito, a uma conduta livre do homem, versátil, arbitrária, imperfeita e que, sobretudo, resulta em uma obra exterior, corresponde no animal, e mais particularmente no inseto, a uma modificação orgânica, fixa, absoluta, que marca a espécie e que é infinita e exatamente reproduzida de geração em geração nos bilhões de seres; por exemplo, as castas de formigas e de cupins diante da luta de classes, os desenhos das asas das borboletas diante da história da pintura. Por menos que se admita essa hipótese, sobre cuja imprudência não nutro qualquer ilusão, o inexplicável mimetismo dos insetos fornece de repente uma extraordinária réplica ao prazer do homem em se disfarçar, em se travestir, em usar uma máscara, em *representar um personagem*. Mas desta vez a máscara, o travestir-se faz parte do corpo, em lugar de ser um acessório fabricado. Nos dois casos, porém, serve exatamente aos mesmos fins: mudar a aparência do portador e assustar os outros[5].

Nos vertebrados, a tendência para imitar se traduz primeiro por um contágio bem físico, quase irresistível, análogo ao contágio do bocejamento, da corrida, da claudicação, do sorriso e, sobretudo, do movimento. Hudson considera possível afirmar que espontaneamente um animal jovem "segue qualquer objeto que se distancia, foge

---

5 Existem exemplos de mímicas aterrorizadoras dos insetos (atitude espectral do louva-a-deus, transe do *Smerinthus ocellata*) ou de morfologias dissimuladoras em meu estudo intitulado: "Mimétisme et psychasténie légendaire", *Le Mythe et l'homme*. Paris, 1938, p. 101-143. Este estudo trata, infelizmente, do problema em uma perspectiva que me parece hoje das mais fantasistas. Com efeito, não farei mais do mimetismo um distúrbio da percepção do espaço e uma tendência a retornar ao inanimado, mas, como proponho aqui, o equivalente, no inseto, dos jogos de simulacro no homem. Os exemplos utilizados guardam, no entanto, todo o seu valor. Reproduzo alguns deles no Dossiê, no fim do livro, p. 271.

de qualquer objeto que se aproxima", a tal ponto que um cordeiro salta e foge quando sua mãe retorna e anda em sua direção, sem reconhecê-la, enquanto segue o passo do homem, do cão, do cavalo, que vê se distanciar. Contágio e imitação ainda não são simulacro, mas o tornam possível e dão origem à ideia, ao prazer da mímica. Nos pássaros, essa tendência resulta nas paradas nupciais, nas cerimônias e exibições vaidosas às quais, de acordo com o caso, machos e fêmeas se entregam com uma rara aplicação e um evidente prazer. Quanto aos caranguejos oxyrhynchus, que colocam sobre sua carapaça toda alga ou pólipo que podem pegar, sua aptidão ao disfarce, qualquer que seja a explicação que receba, não deixa dúvidas.

Mímica e disfarce são assim os impulsos complementares desta classe de jogos. Na criança, trata-se primeiro de imitar o adulto. Por isso o sucesso dos acessórios e dos jogos em miniatura que reproduzem ferramentas, armas e máquinas de que se servem os adultos. A menina brinca de mamãe, de cozinheira, de lavadeira, de passadeira; o menino finge ser um soldado, um mosqueteiro, um agente de polícia, um pirata, um caubói, um marciano[6] etc. Faz um avião estendendo os braços e reproduzindo o barulho do motor. Mas as condutas de *mimicry* transbordam da infância para a vida adulta. Cobrem igualmente qualquer divertimento ao qual nos dedicamos, mascarado ou disfarçado, e que consiste no próprio fato de que o jogador está mascarado ou disfarçado, e em suas consequências. Por fim, está claro que a representação teatral e a interpretação dramática entram por direito neste grupo.

---

6 Como se observou justamente, os brinquedos das meninas são destinados a imitar as condutas próximas, realistas, domésticas; os dos meninos evocam atividades distantes, romanescas, inacessíveis ou mesmo francamente irreais.

O prazer é de ser outro ou de se fazer passar por um outro. Mas, como se trata de um jogo, a questão não é essencialmente de enganar o espectador. A criança que brinca de trem pode muito bem recusar o beijo de seu pai dizendo-lhe que não beijamos as locomotivas, mas não procura convencê-lo de que é uma verdadeira locomotiva. No Carnaval, a máscara não procura fazer com que os outros acreditem que aquele é um verdadeiro marquês, um verdadeiro toureador, um verdadeiro pele-vermelha, mas procura assustar e se beneficiar da liberdade reinante, ela mesma resultado do fato de a máscara dissimular o personagem social e libertar a personalidade verdadeira. O ator também não procura fazer crer que ele é "realmente" Lear ou Carlos V. São o espião e o fugitivo que se disfarçam para enganar realmente, porque, quanto a estes, não estão representando.

Como atividade, imaginação, interpretação, a *mimicry* não poderia ter relação com a *alea*, que impõe ao jogador a imobilidade e a ansiedade da espera, mas não se descarta que se componha com o *agôn*. Não estou pensando nos concursos de fantasias nos quais a aliança é completamente exterior. Uma cumplicidade mais íntima se deixa facilmente revelar. Para aqueles que não participam, todo *agôn* é um espetáculo. Mas é um espetáculo que, para ser válido, exclui o simulacro. As grandes manifestações esportivas não deixam de ser ocasiões privilegiadas de *mimicry*, por mais que nos lembremos de que o simulacro é transferido dos atores aos espectadores: não são os atletas que imitam, mas sim o público. Até mesmo a simples identificação com o campeão já constitui uma *mimicry* análoga àquela que faz o leitor se reconhecer no herói do romance e o espectador nos heróis do filme. Para se convencer disso basta considerar a função perfeitamente simétrica do campeão e da estrela, que terei a ocasião de retomar de maneira mais explícita. Os campeões, triunfadores do *agôn*, são as estrelas das reuniões esportivas. As estrelas, ao contrário, são as vencedoras de uma competição difusa cujo desafio é a consideração popular. Uns e outros recebem uma correspondência abundante, dão entrevistas para uma imprensa ávida, assinam autógrafos.

De fato, a corrida de bicicleta, o boxe ou a luta livre, a partida de futebol, de tênis ou de polo constituem em si espetáculos com vestuário, abertura solene, liturgia apropriada, desenrolamento regrado. Em uma palavra, são dramas cujas diferentes peripécias mantêm o público em suspense e resultam em um desfecho que exalta uns e decepciona outros. A natureza desses espetáculos permanece a de um *agôn*, mas aparece com as características exteriores de uma representação. Os espectadores não se contentam em encorajar com gritos e gestos o esforço dos atletas de sua preferência, ou então, no hipódromo, o dos cavalos de sua escolha. Um contágio físico leva-os a esboçar a atitude dos homens ou dos animais para ajudá-los, do modo como sabemos que um jogador de boliche inclina seu corpo imperceptivelmente na direção que desejaria que a pesada bola tomasse no fim de seu percurso. Nessas condições, além do espetáculo, nasce, no meio do público, uma competição por *mimicry*, que multiplica o *agôn* verdadeiro do terreno ou da pista.

Com uma única exceção, a *mimicry* apresenta todas as características do jogo: liberdade, convenção, suspensão do real, espaço e tempo delimitados. Todavia, não se verifica a submissão contínua às regras imperativas e precisas. Como vimos, a dissimulação da realidade, a simulação de uma outra realidade ocorrem ali. A *mimicry* é invenção incessante. A regra do jogo é uma só: para o ator, consiste em fascinar o espectador, evitando que um erro o leve a recusar a ilusão; para o espectador, consiste em se entregar à ilusão sem recusar desde o primeiro instante o cenário, a máscara, o artifício no qual é convidado a acreditar, por um determinado tempo, como um real mais real do que o real.

Ilinx – Uma última categoria de jogos reúne aqueles que se baseiam na busca da vertigem e que consistem em uma tentativa de destruir por um instante a estabilidade da percepção e de infligir à consciência lúcida uma espécie de pânico voluptuoso. De todo modo, trata-se de aceder a uma espécie de espasmo, de transe ou de aturdimento que destrói a realidade com uma soberana brusquidão.

É bastante comum que a desordem provocada pela vertigem seja buscada por ela mesma. Cito como exemplo apenas os exercícios dos dervixes rodopiantes e os dos *voladores* mexicanos. A escolha é proposital, pois os primeiros se aproximam, pela técnica empregada, de certos jogos infantis, ao passo que os segundos evocam mais os recursos refinados da acrobacia e do contorcionismo, e dessa forma abrangem os dois polos dos jogos de vertigem. Os dervixes buscam o êxtase girando sobre si mesmos, segundo um movimento acelerado pelos batimentos de tambor cada vez mais rápidos. O pânico e a hipnose da consciência são atingidos pelo paroxismo de uma rotação frenética contagiosa e compartilhada[7]. No México, os *voladores* – huastecas ou totonaques – içam-se ao topo de um mastro com uma altura de vinte a trinta metros. As falsas asas pendidas em seus punhos os fantasiam de águias. Pela cintura prendem-se à extremidade de uma corda. Esta passa então entre seus dedos dos pés para que possam realizar a descida completa com a cabeça para baixo e os braços afastados. Antes de chegar ao chão, realizam várias voltas completas – treze, segundo Torquemada – descrevendo uma espiral que vai se alargando. A cerimônia, que compreende vários voos e começa ao meio-dia, pode ser facilmente interpretada como uma dança do pôr do sol, acompanhada por pássaros, mortos divinizados. A frequência dos acidentes levou as autoridades mexicanas a proibir este perigoso exercício[8].

É praticamente dispensável, aliás, invocar esses exemplos raros e famosos. Qualquer criança também conhece, ao girar rapidamente sobre si mesma, o meio de aceder a um estado centrífugo de fuga e de escape, em que o corpo sente dificuldade para reencontrar seu equilíbrio e a percepção de sua nitidez. Certamente a criança o faz pela brincadeira e se diverte. Assim é o *rodopio*, um jogo em que ela gira sobre um calcanhar o mais rápido que consegue. O jogo haitiano do *milho de ouro* é quase idêntico: duas crianças se seguram pela mão, uma diante da outra,

---

7 DEPONT, O. & COPPOLANI, X. *Les confréries religieuses musulmanes.* Alger, 1887, p. 156-159; 329-339.

8 Descrição e fotografias em LARSEN, H. "Notes on the volador and its associated ceremonies and superstitions". *Ethnos,* vol. II, n. 4, jul./1937, p. 179-192. • STRESSER-PÉAN, G. "Les Origines du volador et du comelagatoazte". *Actes du XXVIIIᵉ Congrès international des Américanistes.* Paris, 1947, p. 327-334. Reproduzo no Dossiê, p. 276s., um fragmento da descrição oferecida neste trabalho.

com os braços estendidos. Com o corpo rígido e inclinado para trás, os pés juntos e de frente um para o outro, giram até perder o fôlego pelo prazer de titubear depois de pararem. Gritar bem alto, descer uma ladeira, o tobogã, o carrossel, caso gire bastante rápido, o balanço, caso se eleve bem alto, oferecem sensações análogas.

Também são provocadas sensações por procedimentos físicos variados: a acrobacia, a queda ou a projeção no espaço, a rotação rápida, o escorrega, a rapidez, a aceleração de um movimento retilíneo ou sua combinação com um movimento giratório. Paralelamente, existe uma vertigem de ordem moral, um arrebatamento que de repente toma o indivíduo. Essa vertigem se casa facilmente com o gosto normalmente reprimido da desordem e da destruição. Traduz formas grosseiras e brutais da afirmação da personalidade. Nas crianças, constatamos isso durante os jogos como o corre-cutia, o pula-sela que, subitamente, precipitam-se e descambam para a simples confusão. Nos adultos, nada é mais revelador nesse campo do que a estranha excitação que continuam a experimentar quando, com uma vara, ceifam as flores mais altas de um descampado ou quando derrubam em avalanche a neve de um telhado, ou ainda a embriaguez que começam a conhecer nas barracas das festas populares ao estilhaçarem, por exemplo, de forma ruidosa, montes de louça sem valor.

Para cobrir as diversas variedades deste transporte, que é ao mesmo tempo uma agitação ora orgânica, ora psíquica, proponho o termo *ilinx*, palavra grega para turbilhão de água, do qual deriva precisamente, na mesma língua, a palavra vertigem (*illingos*).

Este prazer, assim como os outros, não é privilégio do homem. É pertinente então evocar a *tontura* de certos mamíferos, especialmente dos carneiros. Mesmo que esta seja uma manifestação patológica, é demasiado significativa para não ser mencionada. No entanto, não faltam exemplos em que esta característica de jogo é evidente. Os cães giram sobre si mesmos para pegar sua cauda, até que caem. Outras vezes são tomados por uma excitação de correr que só os abandona quando esgotados. Os antílopes, as gazelas, os cavalos selvagens são frequentemente tomados por um pânico que não corresponde a nenhum perigo real, nem mesmo a um arremedo de perigo, e que traduz mais o efeito de um imperioso contágio e de uma complacência imediata para a ele se entregar[9]. Os ratos de água se divertem rolando sobre si mesmos, como se fossem levados pelos remoinhos da corrente. O caso das camurças é ainda mais extraordinário. Segundo Karl Groos, elas sobem nos montes de neve e então uma por vez toma impulso e desliza ao longo de uma rampa abrupta, enquanto as outras a observam.

O gibão escolhe um galho flexível, curva-o com seu peso até que se distenda e o projete nos ares. Segura-se como pode e recomeça infindavelmente este exercício inútil que só sua sedução íntima pode explicar. Mas os amantes de jogos de vertigem são, sobretudo, os pássaros. Deixam-se cair, como uma pedra, de uma grande altura, e só abrem as asas a alguns metros do chão, dando a impressão de que vão se espatifar. Depois remontam e mais uma vez se deixam cair. Na época do acasalamento, utilizam este voo de proeza para seduzir a fêmea. O falcão noturno da América, descrito por Audubon, é um amante virtuoso desta impressionante acrobacia[10].

---

9 GROOS, K. Op. cit., p. 208.

10 Ibid., p. 111, 116, 265-266.

Os homens, depois do rodopio, do milho de ouro, do escorrega, do carrossel e do balanço, têm a sua disposição os efeitos da embriaguez e de várias danças, desde o turbilhão mundano, mas insidioso, da valsa, até as inúmeras gesticulações desvairadas, trepidantes, convulsivas. Vivenciam um prazer análogo à euforia provocada por uma extrema velocidade, assim como sentida, por exemplo, nos esquis, na motocicleta ou em um carro conversível. Para dar a essa espécie de sensações a intensidade e a brutalidade capazes de aturdir os organismos adultos, tivemos de inventar maquinários potentes. Não surpreende, portanto, o fato de muitas vezes ter sido necessário esperar a idade industrial para que a vertigem se tornasse verdadeiramente uma categoria do jogo, sendo agora oferecida a uma multidão ávida por meio de mil aparelhos implacáveis, instalados nas festas populares e nos parques de diversão.

Essas máquinas, evidentemente, iriam além de seu objetivo, se este fosse apenas enlouquecer os órgãos do ouvido interno, do qual depende o sentido do equilíbrio. Mas é todo o corpo que está submisso a tratamentos tais que cada um de nós sentiria medo se não visse os outros se atropelando para neles subir. De fato, vale a pena observar a saída das pessoas dessas máquinas de vertigem. Devolvem seres pálidos, cambaleantes, no limite da náusea, que acabam de gritar aterrorizados, pois tiveram o fôlego cortado e sentiram a terrível impressão de que, no interior deles mesmos, até seus órgãos sentiram medo e se encolheram como para escapar ao horrível assalto. No entanto, antes mesmo de terem se acalmado, a maioria deles corre ao guichê para comprar o direito de experimentar mais uma vez o mesmo suplício, do qual esperam um regozijo.

É preciso dizer regozijo, pois hesitamos em nomear como distração esse tipo de transporte, que se aparenta mais ao espasmo do que ao divertimento. Por outro lado, é importante observar que a violência do choque sentido é tal que os proprietários dos aparelhos se esforçam, nos casos extremos, para atrair os ingênuos com a gratuidade da atração. Anunciam de forma enganosa que, "mais uma vez", ela não custa nada, quando é assim sistematicamente. Em contrapartida, fazem com que os espectadores paguem seu privilégio de observar tranquilamente do alto de uma galeria as angústias das vítimas consentintes ou surpresas, expostas às forças terríveis ou a estranhos caprichos.

Seria arriscado tirar conclusões demasiado precisas a respeito dessa curiosa e cruel repartição dos papéis. Essa não é característica de uma espécie de jogo somente, mas encontra-se no boxe, na luta livre e nos combates de gladiadores. O essencial reside aqui na busca dessa desordem específica, desse pânico momentâneo definido pelo termo vertigem e pelas indubitáveis características de jogo que a ele se encontram associadas: liberdade de aceitar ou de recusar a prova, limites estritos e imutáveis, separação do resto da realidade. Que, além disso, a prova ofereça também o espetáculo não diminui, mas reforça sua natureza de jogo.

b) Da turbulência à regra

As regras são inseparáveis do jogo logo que este adquire aquilo que chamarei de uma "existência institucional". A partir desse momento, fazem parte de sua natureza. São elas que o transformam em um instrumento de cultura fecundo e decisivo. Mas o fato é que na raiz do jogo reside uma importante liberdade, necessidade de descanso e também de distração e fantasia. Essa liberdade é seu motor indispensável e permanece na origem de suas formas mais complexas e mais estritamente organizadas. Tamanha potência primária de improvisação e de alegria, que nomeio *paidia*, conjuga-se com o gosto da dificuldade gratuita, que proponho chamar *ludus*, para resultar nos diferentes jogos aos quais, sem exageros, pode ser atribuída uma virtude civilizatória, pois ilustram os valores morais e intelectuais de uma cultura e ainda contribuem para sua definição e desenvolvimento.

Escolhi a palavra *paidia* porque tem como raiz o termo criança, e também pela preocupação de não desconcertar inutilmente o leitor recorrendo a um termo emprestado de uma língua dos antípodas. Mas o sânscrito *kredati* e o chinês *wan* parecem ao mesmo tempo mais ricos e mais reveladores, pela variedade e pela natureza de suas significações anexas. No entanto, apresentam também os inconvenientes de uma riqueza demasiado grande, um certo perigo de confusão, entre outros. *Kredati* designa o jogo dos adultos, das crianças e dos animais. Aplica-se mais especialmente à cabriola, isto é, aos movimentos bruscos e caprichosos provocados por um excesso de alegria ou de vitalidade. É igualmente empregado para as relações eróticas ilícitas, para o vai e vem das ondas e para qualquer coisa que ondula ao sabor do vento. A palavra *wan* é ainda mais explícita, tanto pelo que nomeia quanto pelo que descarta, isto é, os jogos de destreza, de competição, de simulacro e de azar. Em contrapartida, manifesta vários desenvolvimentos de sentido sobre os quais terei a ocasião de retornar.

À luz destas aproximações e destas semânticas exclusivas, quais podem ser a extensão e a significação do termo *paidia*? Quanto a mim, defino-o como o vocábulo que abarca as manifestações espontâneas do instinto de jogo: o gato enredado em um novelo de lã, o cão que se sacode, o bebê que ri de seu soluço representam os primeiros exemplos identificáveis desta espécie de atividade. Ela intervém em toda a exuberância traduzida por uma agitação imediata e desordenada, por uma recreação impulsiva e relaxada, facilmente excessiva, cujo caráter improvisado e desregulado permanece a essencial, se não a única razão de ser. Da cambalhota à garatuja, da briga à balbúrdia, não faltam ilustrações perfeitamente claras de semelhantes comichões de movimentos, de cores ou de ruídos.

Essa necessidade elementar de agitação e de confusão aparece primeiro como impulso de tocar tudo, de pegar, de experimentar, de cheirar, e depois deixar cair qualquer objeto ao alcance da mão. E logo se torna gosto de destruir ou de quebrar. Explica o prazer de cortar compulsivamente papéis com uma tesoura, de desfiar tecidos, de derrubar uma construção, de atravessar uma fila, de atrapalhar o jogo ou o trabalho dos outros etc. Logo vem a vontade de mistificar ou de desafiar ao mostrar a língua, fazer caretas, fazer de conta que vai tocar ou jogar o objeto proibido. Para a criança, trata-se de se afirmar, de se sentir *causa*, de forçar os outros a lhe dar atenção. Por isso, K. Groos relata o caso do macaco que se satisfazia em puxar a cauda de um cão que morava com ele toda vez que este parecia dormir. A alegria primitiva de destruir e de derrubar foi observada principalmente em um macaco pela irmã de C.J. Romanes e com uma precisão de detalhes das mais significativas[11].

A criança não se contém. Gosta de jogar com sua própria dor, por exemplo, irritando com a língua um dente que dói. Também gosta que lhe provoquem medo. Busca, assim, ora uma dor física, mas limitada, dirigida, da qual é a causa, ora uma angústia psíquica, mas que provoca e interrompe por conta própria. Aqui e ali já são reconhecíveis os aspectos fundamentais do jogo: atividade voluntária, combinada, separada e governada.

Logo nasce o gosto de inventar regras e de se curvar a elas obstinadamente, custe o que custar. A criança faz consigo mesma ou com seus colegas toda espécie de aposta, que são, como vimos, as formas elementares do *agôn*: anda em um só pé, para trás, de olhos fechados, brinca de quem conseguirá ficar mais tempo olhando para o sol, suportará uma dor ou permanecerá em uma posição desconfortável.

Em geral, as primeiras manifestações da *paidia* não têm nome e nem poderiam ter, precisamente porque permanecem aquém de qualquer estabilidade, de qualquer sinal distintivo, de qualquer existência nitidamente diferenciada que permitiria ao vocabulário consagrar sua autonomia com uma denominação específica. Mas assim que aparecem as convenções, as técnicas, os utensílios, aparecem com eles os primeiros jogos caracterizados: pula sela, esconde-esconde, pipa, rodopio, escorrega, cabra-cega, bo-

---

11 Observação citada por GROOS, K. (op. cit., p. 88-89) e reproduzida no Dossiê, p. 277.

neca. É aqui que os caminhos contraditórios do *agôn*, da *alea*, da *mimicry*, do *ilinx* começam a se separar. Também é aqui que começa a agir o prazer que experimentamos em resolver uma dificuldade criada, de propósito, arbitrariamente definida, de forma que, finalmente, o fato de realizá-la não traz nenhuma vantagem além do contentamento íntimo de tê-la resolvido.

Esse motor, que é propriamente o *ludus*, também se deixa revelar nas diferentes categorias de jogos, exceto naqueles que se baseiam integralmente em uma pura decisão do destino. Aparece como o complemento e como a educação da *paidia*, que disciplina e enriquece. Fornece a ocasião de um treino e, normalmente, resulta na conquista de uma determinada habilidade, na aquisição de um controle particular, no manejo deste ou daquele aparelho ou na aptidão para descobrir uma resposta satisfatória aos problemas de ordem estritamente convencional.

A diferença com o *agôn* é que, no *ludus*, a tensão e o talento do jogador se exercem fora de qualquer sentimento explícito de emulação ou de rivalidade: lutamos contra o obstáculo e não contra um ou vários concorrentes. No plano da habilidade manual, podemos citar os jogos como o bilboquê, o diabolô ou o ioiô. Esses instrumentos simples utilizam normalmente as leis naturais elementares; por exemplo, a gravidade e a rotação, no caso do ioiô, em que se trata de transformar um movimento retilíneo alternativo em um movimento circular contínuo. A pipa, ao contrário, baseia-se na exploração de uma situação atmosférica concreta. Graças a ela, o jogador efetua a distância uma espécie de auscultação do céu. Projeta sua presença para além dos limites de seu corpo. Assim como o jogo da cabra-cega oferece a ocasião de experimentar os recursos da percepção ao descartar a visão[12]. Percebemos facilmente que as possibilidades do *ludus* são quase infinitas.

Objetos como o jogo do solitário ou o jogo do anel prisioneiro já pertencem, no interior da mesma espécie, a um outro grupo de jogos: recorrem constantemente ao espírito de cálculo e de combinação. Por fim, as palavras cruzadas, as recreações matemáticas, os anagramas, versos holorimas e logogrifos de vários tipos, a leitura ativa de romances policiais (considero pela tentativa de identificar o culpado), os problemas do jogo de xadrez ou de *bridge* constituem, sem instrumentos, outras tantas variedades da forma mais difundida e mais pura do *ludus*.

Sempre constatamos uma situação de partida que talvez se repita indefinidamente, mas sobre cuja base podem se produzir combinações sempre novas, despertando assim no jogador uma emulação consigo mesmo e permitindo-lhe constatar as etapas de um progresso de que se orgulha prazerosamente em relação aos que compartilham seu gosto. A relação do *ludus* com o *agôn* é manifesta. Aliás, como no caso dos problemas de xadrez ou de *bridge*, talvez seja até o mesmo jogo que ora aparece como *agôn* e ora como *ludus*.

A combinação entre *ludus* e *alea* não é menos frequente. É reconhecida principalmente nas combinações das "paciências", em que a engenhosidade das manobras influi, embora pouco, no resultado, e nas máquinas caça-níqueis, em que o jogador pode, minimamente, calcular o impulso dado à bola que marca os pontos e dirigir seu percurso.

---

12 Kant já havia feito esta observação. Cf. HIRN, Y. *Les jeux d'enfants.* Trad. franc. Paris, 1926, p. 63.

Ainda assim, nesses dois exemplos, o acaso decide o essencial. Contudo, o fato de o jogador não estar completamente desarmado e de saber que pode contar, nem que seja um pouco, com sua destreza ou seu talento, basta aqui para compor a natureza do *ludus* com a da *alea*[13].

Do mesmo modo o *ludus* se compõe normalmente com a *mimicry*. No caso mais simples, resulta nos jogos de construção que sempre são jogos de ilusão, quer se trate dos animais fabricados com hastes de milheto para as crianças dogons; das gruas ou automóveis construídos articulando lâminas de aço perfuradas e polias de algum jogo de construção; ou dos modelos reduzidos de avião ou de barco que os adultos gostam de construir meticulosamente. Mas é a representação teatral que, ao fornecer a conjunção essencial, disciplina a *mimicry* até fazer dela uma arte rica com mil convenções diversas, com técnicas refinadas, com recursos sutis e complexos. Por essa feliz cumplicidade, o jogo mostra plenamente sua fecundidade cultural.

Em contrapartida, da mesma maneira que não poderia haver aliança entre a *paidia*, que é tumulto e exuberância, e a *alea*, que é espera passiva pela decisão do destino, sobressalto imóvel e mudo, também não poderia haver entre o *ludus*, que é cálculo e combinação, e o *ilinx*, que é arrebatamento puro. O gosto pela dificuldade vencida só pode intervir aqui para combater a vertigem e impedi-la de se tornar desarranjo ou pânico. Ele é então escola de autocontrole, esforço árduo para conservar o sangue-frio ou o equilíbrio. Longe de se compor com o *ilinx*, oferece, como

---

13 Sobre o surpreendente desenvolvimento das máquinas caça-níqueis no mundo moderno e sobre as condutas fascinadas ou obsessivas que provocam, cf. Dossiê, p. 277-279.

no alpinismo e no contorcionismo, a disciplina própria a neutralizar seus perigosos efeitos.

*

Reduzido a si mesmo, o *ludus*, ao que parece, permanece incompleto, espécie de quebra-galho destinado a enganar o tédio. Muitos só se resignam com ele na espera de algo melhor, até a chegada de parceiros que lhes permitam trocar por um jogo disputado esse prazer sem eco. Contudo, mesmo no caso dos jogos de destreza ou de combinação (paciências, quebra-cabeças, palavras cruzadas etc.), que excluem a intervenção do outro ou que a tornam indesejável, o *ludus* não deixa de cultivar no jogador a esperança de que na próxima tentativa consiga avançar para além do ponto em que acaba de fracassar ou obter um número maior de pontos do que aquele que acaba de alcançar. Dessa maneira, a influência do *agôn* se manifesta novamente. Na verdade, colore a atmosfera geral do prazer obtido ao vencer uma dificuldade arbitrária. Com efeito, se cada um desses jogos é praticado por um solitário e, em princípio, não estimula nenhuma competição, é fácil a qualquer momento realizar um concurso, com ou sem prêmio, que os jornais, se necessário, não deixariam de organizar. Também não é por acaso que as máquinas de fliperama muitas vezes estão nos cafés, isto é, nos lugares onde o usuário pode agrupar em torno de si um embrião de público.

Aliás, o *ludus* tem uma característica (que, em minha opinião, se explica pela obsessão do *agôn*) que não para de pesar sobre ele: é eminentemente dependente da moda. O ioiô, o bilboquê, o diabolô, o jogo do anel prisioneiro apareceram e desapareceram como por encanto. Beneficiaram-se de um entusiasmo que não deixou marcas e que foi logo substituído por outro. Mesmo mais estável, a onda dos divertimentos de natureza intelectual não é menos delimitada no tempo: os rébus, o anagrama, o acróstico, a charada tiveram seu momento. É provável que as palavras cruzadas e o romance policial sofram o mesmo destino. Esse tipo de fenômeno permaneceria enigmático se o *ludus* constituísse uma distração tão individual quanto parece. Na realidade, banha um ambiente de concurso. Mantém-se apenas na medida em que o fervor de alguns aficionados o transforma em um *agôn* virtual. Na falta deste, é impotente para subsistir por si mesmo. Com efeito, é insuficientemente alimentado pelo espírito de competição organizada, que, no entanto, não lhe é essencial; e não fornece a matéria de nenhum espetáculo capaz de atrair as multidões. Permanece flutuante e difuso ou corre o risco de virar ideia fixa para o maníaco isolado que a ele se consagra absolutamente e que, para fazê-lo, negligencia cada vez mais suas relações com o outro.

A civilização industrial deu origem a uma forma particular de *ludus*: o *hobby*, atividade secundária, gratuita, iniciada e continuada para o prazer. Coleção, desenho, música, dança, bricolagem, pequenas invenções, ou seja, qualquer ocupação que apareça em primeiro lugar como compensatória da mutilação da personalidade provocada pelo trabalho repetitivo, de natureza automática e parcelar. Constatou-se que o *hobby* normalmente adquiria a forma da construção pelo operário, agora artesão, de modelos reduzidos, mas *completos*, das máquinas em cuja fabricação está condenado a cooperar apenas com um mesmo gesto constantemente repetido, que não exige de sua parte nem destreza nem inteligência. Neste ponto, é evidente a contrapartida sobre a realidade, pois ela é, aliás, positiva e fecunda. Responde a uma das funções mais elevadas do instinto do jogo. Não surpreende que a civilização tecnológica contribua para desenvolvê-la, mesmo como contrapeso aos seus aspectos mais rebarbativos. O *hobby* é feito à imagem das raras qualidades que tornam seu desenvolvimento possível.

De um modo geral, o *ludus* propõe ao desejo primitivo que relaxe e se divirta com os obstáculos arbitrários perpetuamente renovados; inventa mil ocasiões e mil estruturas em que conseguem ser satisfeitos tanto o desejo de descanso quanto a necessidade – de que o homem parece não conseguir se libertar – de utilizar inutilmente o saber, a dedicação, a destreza, a inteligência de que dispõe, sem contar o autocontrole, a capacidade de resistir ao sofrimento, ao cansaço, ao pânico ou à embriaguez.

Sendo assim, o que chamo *ludus* representa, no jogo, o elemento cujo alcance e fecundidade culturais aparecem como os mais extraordinários. Não se traduz por uma atitude psicológica tão definida quanto o *agôn*, a *alea*, a *mimicry* ou o *ilinx*, mas, ao disciplinar a *paidia*, trabalha indistintamente para dar às categorias fundamentais do jogo sua pureza e sua excelência.

*

O *ludus* não é, aliás, a única metáfora concebível da *paidia*. Uma civilização como a da China clássica inventa para ela um destino diferente. Por mais sábia e circunspecta, a cultura chinesa é menos voltada para a inovação a partir de ideias preconcebidas. A necessidade de progresso e o espírito empreendedor parecem-lhe muito mais como uma espécie de desejo incontrolável sem fertilidade decisiva. Nessas condições, orienta naturalmente a turbulência, o excesso de energia da *paidia* em uma direção muito mais de acordo com seus valores supremos. Este é o momento de retornar ao termo *wan*. Segundo alguns, designaria etimologicamente a ação de acariciar indefinidamente um pedaço de jade para poli-lo, para experimentar sua suavidade ou para acompanhar uma divagação. Talvez por causa desta origem ele revele um outro destino da *paidia*. A reserva de agitação livre que inicialmente a define parece neste caso inclinada não para a proeza, o cálculo, a dificuldade vencida, mas para a calma, a paciência, o sonho vão. De fato, o caractere *wan* designa essencialmente todas as espécies de ocupações semimaquinais que deixam o espírito distraído e errante, certos jogos complexos que o aproximam do *ludus* e, ao mesmo tempo, a meditação indolente, a contemplação preguiçosa.

O tumulto e a algazarra são designados pela expressão *jeou-nao*, literalmente "ardente desordem". Composto com esse mesmo termo *nao*, o caractere *wan* evoca toda conduta exuberante e alegre. Mas deverá ser composto com este caractere. Com o *tchouang* (fingir), significa "divertir-se fazendo de conta que..." Vê-se que coincide de forma bastante exata com as diferentes manifestações possíveis da *paidia*, sem que possa designar um gênero de jogo particular se for empregado sozinho. Não é utilizado nem para a competição, nem para os dados, nem para a interpretação dramática. O que significa dizer que exclui as diversas categorias dos jogos que chamei institucionais. Estes são designados por termos mais especializados. O caractere *hsi* corresponde aos jogos de disfarce ou de simulacro: cobre o campo do teatro e das artes do espetáculo. O caractere *choua* remete aos jogos de destreza e de habilidade, mas também é empregado para os combates de brincadeiras e de zombarias, para a esgrima, para os exercícios de aperfeiçoamento em uma arte difícil. O caractere *teou* designa a luta propriamente dita: as rinhas de galo, o duelo. É empregado, no entanto, para os jogos de cartas. Por fim, o caractere *tou*, que em nenhum caso poderia ser aplicado a um jogo de crianças, designa os jogos de azar, os riscos, as apostas, os ordálios. Nomeia também a blasfema, pois tentar a sorte é considerado como uma aposta sacrílega contra o destino[14].

O vasto campo semântico do termo *wan* torna-se assim mais digno de interesse. Inclui primeiro o jogo infantil e toda variedade de divertimento despreocupado e frívolo, que pode ser evocado, por exemplo, pelos verbos foliar, galhofar, gracejar etc. É empregado para as práticas sexuais desenvoltas, anormais ou estranhas. Ao mesmo tempo, é utilizado para os jogos que exigem reflexão e que *proíbem a pressa*, como o xadrez, o jogo de damas, o quebra-cabeça (Tai Kiao) e o jogo dos nove anéis[15]. Também engloba

---

14 O chinês conhece – além do termo *yeou*, que designa os passeios despreocupados e os jogos ao ar livre, em particular a pipa – os grandes passeios da alma, as viagens místicas dos xamãs, a errância dos fantasmas e dos danados.

15 Jogo semelhante ao jogo do anel prisioneiro: nove anéis formam uma corrente, estão engatados uns nos outros e atravessados por um trilho ligado a um suporte. O jogo consiste em liberá-los. Com experiência se consegue o objetivo sem prestar

o prazer de apreciar o sabor de uma iguaria ou o buquê de um vinho, o gosto de colecionar obras de arte ou ainda o de examinar, de manejar com volúpia e até mesmo de moldar minúsculos bibelôs, o que o aproxima da categoria ocidental do *hobby*, isto é, da mania de colecionar ou de realizar pequenos reparos domésticos. Por fim, evoca a suavidade prazerosa e repousante do luar, o prazer de um passeio de barco em um lago límpido, a contemplação prolongada de uma cascata[16].

O exemplo da palavra *wan* já mostra que o destino das culturas também se lê nos jogos. Dar a preferência ao *agôn*, à *alea*, à *mimicry* ou ao *ilinx* contribui para decidir o futuro de uma civilização. Da mesma forma, inflectir a reserva de energia disponível representada pela *paidia* para a invenção ou para a divagação manifesta uma escolha, implícita sem dúvida, mas fundamental e de indiscutível alcance.

---

muita atenção a uma manipulação, que é, no entanto, delicada e complicada, sempre demorada e em que o mínimo erro obriga a recomeçar do zero.

16 Segundo informações fornecidas por Duyvendak a Huizinga (*Homo ludens.* Trad. franc., p. 64), um estudo do Dr. Chou Ling, de preciosas indicações de M. Andre d'Hormon e o *Chinese-English Dictionary*, de Herbert A. Giles, 2. ed. Londres, 1912, p. 510-511 (*hsî*), 1250 (*choua*), 1413 (*teou*), 1452 (*wan*), 1487-1488 (*tou*), 1662-1663 (*yeou*).

Quadro I – Distribuição dos jogos

	GÔN (Competição)		LEA (Sorte)	MIMICRY (Simulacro)	ILINX (Vertigem)
PAIDIA Algazarra Agitação Ataque de riso	Corridas, lutas etc. } Não Atletismo regradas		Parlendas Cara ou coroa	Imitações infantis Ilusionismo Bonecas, fantasias e brinquedos Máscara Disfarce	"Piruetas" infantis Carrossel Balanço Valsa
Pipa Solitário Jogos de paciência Palavras cruzadas LUDUS	Boxe Esgrima Futebol Competições esportivas em geral	Bilhar Damas Xadrez	Aposta Roleta Loterias simples, compostas ou acumuladas	 Teatro Artes do espetáculo em geral	*Volador* Atrações dos parques de diversão Esportes de neve Alpinismo Acrobacia

N.B.: em cada coluna vertical os jogos são classificados aproximadamente em uma ordem tal, que o elemento *paidia* diminui constantemente, enquanto o elemento *ludus* cresce constantemente.

Vocação social dos jogos

O jogo não é apenas uma distração individual. Talvez até o seja muito menos do que pensamos. É evidente que existem vários jogos, principalmente os de destreza, nos quais se manifesta uma habilidade bastante pessoal e que não surpreenderiam se fossem jogados sozinhos. Mas os jogos de destreza logo aparecem como jogos de competição na destreza. Existe uma prova clara disso. Por mais individual que imaginemos o manuseio do objeto com o qual se está brincando – pipa, pião, ioiô, diabolô, bilboquê ou bambolê –, eles logo nos cansariam se não houvesse nem concorrentes nem espectadores, pelo menos virtuais. Um elemento de rivalidade aparece nestes diversos exercícios, e cada um de nós busca encantar os rivais, talvez invisíveis ou ausentes, realizando proezas inéditas, aumentando a dificuldade, estabelecendo precários recordes de duração, de velocidade, de precisão, de altura, ou seja, tirando glória, pelo menos para si mesmo, de qualquer desempenho difícil de igualar. De um modo geral, o dono de um pião não se diverte muito no meio dos que preferem o bilboquê, nem quem gosta da pipa entre um grupo que se diverte com o bambolê. Os donos dos mesmos brinquedos se reúnem em um lugar consagrado pelo hábito, ou que seja simplesmente cômodo, e, ali, medem sua técnica. Este geralmente é o essencial de seu prazer.

A tendência à competição não permanece por muito tempo implícita e espontânea. Acaba definindo um regulamento que é adotado de comum acordo. A Suíça, por exemplo, conhece concursos de pipas com regras bem definidas. Aquela que voar mais alto é proclamada vencedora. No Oriente, a disputa assume o aspecto de um típico torneio: a linha da pipa, a uma certa distância a partir do velame, é untada com visco, onde são afixados pedaços de vidro nas arestas cortantes. Trata-se de cortar, ao cruzá-la com virtuosismo, a linha dos outros participantes: competição séria, oriunda de uma recreação que, em princípio, não parece ter essa finalidade.

O bilboquê é outro exemplo surpreendente da passagem de um divertimento solitário a um prazer de competição, e mesmo de espetáculo. O dos esquimós representa muito esquematicamente um animal, urso ou peixe, que é transpassado por vários buracos. O jogador tem na mão o suporte que deve ser passado por todos eles em uma determinada ordem. Depois recomeça a série, com o suporte seguro no dedo indicador dobrado; em seguida, com o suporte na dobra do cotovelo e, depois, apertado entre os dentes, enquanto o corpo do instrumento descreve figuras cada vez mais complicadas. A cada tentativa perdida, o jogador desajeitado deve passar o objeto a um rival. Este começa a mesma progressão, tentando recuperar seu atraso ou passar na frente. Ao mesmo tempo que lança e recupera o bilboquê, o jogador gesticula uma aventura ou analisa uma ação. Narra uma viagem, uma caça, um combate ou enumera as diferentes fases do desmembramento da presa, operação que cabe exclusivamente às mulheres. A cada novo buraco, anuncia triunfante:

> Ela pega sua faca
> Corta a foca
> Retira a pele
> Retira os intestinos
> Abre o peito
> Retira as entranhas
> Retira as costelas
> Retira a coluna vertebral
> Retira a bacia
> Retira os membros posteriores
> Retira a cabeça
> Retira a gordura
> Dobra a pele ao meio
> Mergulha-a na urina
> Coloca para secar ao sol etc.

Às vezes o jogador culpa seu rival e na imaginação começa a decepá-lo:

> Eu te bato
> Eu te mato
> Corto tua cabeça
> Corto teu braço
> Corto tua perna
> E depois a outra
> Os pedaços para os cães
> Os cães estão comendo...

E não apenas os cães, mas também as raposas, os corvos, os caranguejos, tudo o que lhe vem à mente. O outro, antes de retomar o combate, deverá primeiro reconstituir seu corpo na ordem inversa. Essa perseguição ideal é pontuada pelos clamores da assistência, que segue fascinada os episódios do duelo.

Até esse ponto, o jogo de destreza é evidentemente fenômeno de cultura: suporte de comunhão e de alegria coletiva no frio e na longa escuridão da noite ártica. Este caso extremo não é exceção. Mas apresenta a vantagem de sugerir a que ponto o jogo de natureza e de finalidade mais individual facilmente se presta a todo tipo de desenvolvimentos e enriquecimentos que, se necessário, não estão longe de transformá-lo em uma espécie de instituição. Dir-se-ia que falta alguma coisa à atividade de jogo quando esta é reduzida a um simples exercício solitário.

Os jogos, geralmente, só encontram sua plenitude no momento em que despertam uma ressonância cúmplice. Mesmo quando, em princípio, cada um dos jogadores poderia praticá-los com tranquilidade em seu canto, os jogos rapidamente se tornam pretextos para concursos ou espetáculos, como nos exemplos da pipa ou do bilboquê. Na verdade, a maioria deles é de pergunta e resposta, desafio e réplica, provocação e contágio, efervescência ou tensão compartilhada. Precisam de presenças atentas e simpáticas. É provável que nenhuma das categorias de jogos escape a essa lei. Mesmo os jogos de azar parecem seduzir mais no meio da multidão, ou mesmo no meio da confusão. Nada impede que os jogadores façam suas apostas por telefone ou arrisquem seu dinheiro, confortavelmente, na casa de um deles, em uma sala discreta. Mas não. Preferem estar ali. Estimulados pelo público que lota o hipódromo ou o cassino, seu prazer e sua excitação aumentam com a vibração fraterna de uma multidão de desconhecidos.

E da mesma forma é desagradável ver-se sozinho em uma sala de espetáculo, inclusive no cinema, ainda que os atores não estejam ali para padecer com tal vazio. Sob este ângulo, é evidente que nos disfarçamos ou nos mascaramos para os outros. Por fim, os jogos de vertigem são organizados sob a mesma etiqueta: o balanço, o carrossel, o tobogã também exigem uma efervescência e uma febre coletiva que sustentem e encorajem o êxtase que oferecem.

Assim, as diferentes categorias de jogo – o *agôn* (por definição), a *alea*, a *mimicry*, o *ilinx* – supõem a companhia, não a solidão. Contudo, trata-se na maioria das vezes de um círculo necessariamente restrito. Como cada um deve aguardar sua vez para jogar, conduzir seu jogo da maneira que deseja e também da maneira que as regras ordenam, o número de jogadores não poderia se multiplicar infinitamente, ainda que nem todos intervenham ativamente. Uma partida só aceita um número limitado de parceiros, associados ou não. O jogo, portanto, geralmente aparece como uma ocupação de pequenos grupos de iniciados ou de *aficionados*, que em um canto e por alguns instantes entregam-se ao seu divertimento favorito. E, no entanto, esta variedade dos espectadores já favorece a *mimicry*, exatamente como a turbulência coletiva estimula o *ilinx* e dele, por sua vez, se alimenta.

Em certas circunstâncias, alguns jogos, inclusive aqueles cuja natureza imporia que fossem realizados com poucos jogadores, ultrapassam esse teto e se manifestam sob formas que, embora certamente continuem pertencendo ao campo do jogo, nem por isso deixam de exigir uma ampla organização, um aparelho complexo, uma equipe especializada e hierarquizada. Em resumo, necessitam de estruturas permanentes e delicadas, que os transformam em instituições de caráter oficioso, privado, marginal, às vezes clandestino, mas cujo estatuto aparece admiravelmente garantido e duradouro.

Cada uma das categorias fundamentais do jogo apresenta assim aspectos socializados que, por sua amplitude e estabilidade, adquiriram direito de cidadania na vida coletiva. Para o *agôn*, essa forma socializada é essencialmente o esporte, ao qual se acrescentam provas impuras que misturam insidiosamente o mérito e a sorte, como os jogos radiofônicos e os concursos que dependem da publicidade comercial; para a *alea*, são os cassinos, os hipódromos, as loterias de Estado e a variedade dos jogos gerenciados por poderosas sociedades de aposta mútua; para a *mimicry*, as artes do espetáculo, da ópera às marionetes e ao teatro de bonecos e, de uma maneira um tanto duvidosa, já orientada para a vertigem, o Carnaval e o baile de máscaras; para o *ilinx*, enfim, os parques de diversão e as ocasiões anuais cíclicas de festejos e de alegrias populares.

Um capítulo completo do estudo dos jogos deve examinar essas manifestações por meio das quais os jogos estão diretamente inseridos nos costumes cotidianos. Elas contribuem, com efeito, para dar às diferentes culturas alguns de seus usos e de suas instituições mais facilmente identificáveis.

IV

Corrupção dos jogos

Sempre que se tratou de enumerar as características que definem o jogo, este apareceu como uma atividade: 1°) livre; 2°) à parte; 3°) incerta; 4°) improdutiva; 5°) regrada; 6°) fictícia; sendo evidente que as duas últimas características tendem a se excluir.

Essas seis qualidades, meramente formais, informam muito pouco sobre as diferentes atitudes psicológicas que comandam os jogos. Ao opor firmemente o mundo do jogo ao mundo da realidade, ao ressaltar que o jogo é essencialmente uma atividade *à parte*, deixam prever que toda contaminação com a vida cotidiana corre o risco de se corromper e de arruinar sua própria natureza.

Por isso, pode ser interessante se perguntar o que os jogos se tornam quando o muro rigoroso que separa suas regras ideais das leis difusas e insidiosas da existência cotidiana perde sua nitidez necessária. É evidente que não poderiam se espalhar tal como são para além do terreno que lhes é reservado (tabuleiro de xadrez, tabuleiro de damas, quadra, pista, estádio ou palco) ou do tempo que lhes é destinado e cujo fim significa de maneira inexorável o fechamento de um parêntese. Assumirão necessariamente formas muito diferentes, e talvez inesperadas.

Além do mais, no jogo, um código estrito e absoluto governa sozinho aficionados cujo consentimento prévio aparece como a própria condição para participar em uma atividade isolada e completamente convencional. E se, subitamente, a convenção não fosse mais aceita ou sentida como tal? E se o isolamento não fosse mais respeitado? Com certeza nem as formas nem a liberdade do jogo poderiam subsistir. Permaneceria somente, tirânica e opressiva, a atitude psicológica que pressionava a adotar tal jogo ou tal espécie de jogo mais do que outro. Não nos esqueçamos de que essas atitudes distintivas são quatro: a ambição de triunfar unicamente graças ao mérito em uma competição regrada (*agôn*), a renúncia da vontade em proveito de uma espera ansiosa e passiva pelo decreto do destino (*alea*), o gosto de revestir uma personalidade estranha (*mimicry*) e, por fim, a busca da vertigem (*ilinx*). No *agôn*, o jogador conta apenas consigo mesmo, esforça-se e persevera; na *alea*, conta com tudo, exceto consigo mesmo, e entrega-se às potências que lhe escapam; na *mimicry*, imagina que é um outro e inventa um universo fictício; no *ilinx*, satisfaz o desejo de ver passageiramente arruinados a estabilidade e o equilíbrio de seu corpo, de escapar à tirania de sua percepção, de provocar a derrota de sua consciência.

Se o jogo consiste em fornecer a estes poderosos instintos uma satisfação formal, ideal, limitada, mantida distante da vida cotidiana, o que ocorre então quando toda convenção é rejeitada? Quando o universo do jogo não é mais estanque? Quando há contaminação com o mundo real, onde cada gesto acarreta consequências inelutáveis? A cada uma destas rubricas fundamentais corresponde então uma perversão específica que resulta da ausência ao mesmo tempo de freio e de proteção. Uma vez que o império do instinto volta a ser absoluto, a tendência que conseguia abusar da atividade isolada, protegida e de alguma forma neutralizada do jogo propaga-se pela vida cotidiana e tende a subordiná-la tanto quanto possível as suas próprias exigências. O que era prazer torna-se ideia fixa; o que era evasão torna-se obrigação; o que era divertimento torna-se paixão, obsessão e fonte de angústia.

O princípio do jogo está corrompido. É preciso aqui realmente levar em consideração que isso não ocorre pela existência de trapaceiros ou de jogadores profissionais, mas unicamente pelo contágio da realidade. No fundo, não há perversão do jogo, mas há vícios e desvios de um dos quatro impulsos primários que presidem aos jogos. Mas o caso não é excepcional. Ocorre sempre que o instinto considerado não encontra, na categoria de jogos que lhe corresponde, a disciplina e o refúgio que o fixam, ou sempre que se recusa a se satisfazer com tal engodo.

Quanto ao trapaceiro, ele permanece no universo do jogo. Quando contorna as regras, pelo menos o faz fingindo respeitá-las. Procura vender gato por lebre. É desonesto e hipócrita. Protege e proclama com sua atitude a validade das convenções que viola, pois precisa que pelo menos os outros as obedeçam. Quando descoberto, expulsam-no.

O universo do jogo permanece intacto. Assim, aquele que transforma em profissão uma atividade do jogo em nada muda a natureza desta atividade, pois não está jogando, e sim exercendo uma profissão. A natureza da competição ou a do espetáculo em nada é modificada quando os atletas ou os atores são profissionais que atuam por um salário, e não amadores que só esperam o prazer. A diferença atinge somente a eles.

Para os boxeadores, os ciclistas ou os atores profissionais, o *agôn* ou a *mimicry* deixou de ser uma distração destinada a relaxá-los dos cansaços ou a tirá-los da monotonia de um trabalho que oprime e desgasta. É seu próprio trabalho, necessário a sua subsistência, atividade constante e absorvente, plena de obstáculos e de problemas, da qual descansam justamente *jogando* um jogo que não os engaja.

Até para o ator a representação teatral é um simulacro. Maquia-se, veste-se, representa, recita. Mas, quando a cortina cai e as luzes se apagam, é devolvido ao real. A separação dos dois universos permanece absoluta. O mesmo ocorre com o profissional do ciclismo, do boxe, do tênis ou do futebol: a prova, a partida e a corrida permanecem competições regradas e formais. Assim que terminam, o público corre para a saída. O campeão é devolvido às suas preocupações cotidianas, devendo defender seus interesses, conceber e colocar em ação a política que lhe garanta o futuro mais confortável. As rivalidades perfeitas e precisas em que acaba de medir seu valor nas condições mais artificiais dão lugar, assim que deixa o estádio, o velódromo ou o ringue, às mais terríveis competições. Estas, hipócritas, incessantes, implacáveis, impregnam o conjunto de sua vida. Como o ator, fora do palco, encontra-se devolvido ao destino comum, fora do espaço fechado e do tempo privilegiado onde reinam as leis estritas, gratuitas e indiscutíveis do jogo.

*

Fora da arena, após o sinal do gongo, começa a verdadeira perversão do *agôn*, a mais comum de todas. Aparece em cada antagonismo que o rigor do espírito de jogo não mais atenua. Mas a concorrência absoluta nunca é apenas uma lei de natureza. Encontra na sociedade sua brutalidade original assim que percebe um caminho livre na rede das obrigações morais, sociais ou legais que, como as do jogo, são limites e convenções. Por isso a ambição frenética e obsessiva, em qualquer campo onde se exerça, contanto que as regras do jogo e do jogo franco não sejam respeitadas, deve ser denunciada como um desvio decisivo que, no caso particular, retorna então à situação de início. Aliás, nada mostra melhor o papel civilizador do jogo do que os limites normalmente estabelecidos por ele contra a avidez natural. Admite-se que o bom jogador é aquele que sabe considerar com distanciamento, indiferença e algum fingimento, ou pelo menos com sangue-frio, os resultados desastrosos do mais dedicado esforço ou a perda de um desafio desmedido. A decisão do árbitro, embora injusta, é aprovada por princípio. A corrupção do *agôn* começa ali onde nenhum arbítrio nem arbitragem são reconhecidos.

Para os jogos de azar, também existe corrupção do princípio assim que o jogador deixa de respeitar o acaso, isto é, deixa de considerá-lo como uma força impessoal e neutra, sem coração nem memória, puro efeito mecânico das leis que presidem à repartição das oportunidades. Com a superstição, nasce a corrupção da *alea*. Para aquele que se entrega ao destino é de fato tentador procurar prever seu decreto ou conciliar sua benesse. O jogador atribui um valor de sinal a todos os tipos de fenômeno, encontros e prodígios que imagina prenunciar em sua boa ou má sorte. Procura talismãs que o protejam com mais eficácia. Abstém-se à menor advertência do destino que o sonho, presságio ou pressentimento lhe trazem. Por fim, para afastar as influências nefastas, realiza ou faz realizar as conjurações necessárias.

Essa atitude, aliás, só é exacerbada pela prática dos jogos de azar, e é extremamente comum no nível psicológico profundo. Está longe de afetar somente aqueles que frequentam os cassinos e os hipódromos ou os que compram bilhetes de loteria. A publicação regular de horóscopos pelos jornais e revistas semanais transforma, para seus diversos leitores, cada dia e cada semana em uma espécie de promessa ou de ameaça, que o céu e a obscura potência dos astros mantêm em suspense. Quase sempre esses horóscopos indicam principalmente o número favorável daquele dia para os leitores nascidos sob os diferentes signos do zodíaco. Cada um pode então comprar os bilhetes de loteria correspondentes, isto é, aqueles terminados por esse número, os que o contêm várias vezes ou ainda aqueles cujo número reduzido à unidade por sucessivas somas é exatamente o mesmo, ou seja, praticamente quase todos[17]. É significativo que a superstição, sob essa forma muito popular e ingênua, revele-se tão diretamente ligada aos jogos de azar. É preciso, no entanto, confessar que ela vai além deles.

---

17 Cf. Dossiê, p. 287s.

Cada um de nós, ao sair da cama, deve supostamente se considerar um ganhador ou perdedor em uma gigantesca loteria incessante, gratuita, inevitável, que determina por vinte e quatro horas nosso coeficiente geral de sucesso ou de fracasso. Este também interessa aos comportamentos, às novas empreitadas e aos assuntos do coração. O cronista toma o cuidado de advertir que a influência dos astros se exerce dentro de limites bastante variáveis, de forma que a profecia simplista não poderia de forma alguma se mostrar totalmente falsa. É evidente que a maioria do público sorri ao tomar conhecimento dessas predições pueris, mas nem por isso deixa de lê-las. E mais, faz questão de lê-las. A tal ponto que muitos, embora se afirmem céticos, começam a leitura de seu jornal pela rubrica astrológica. Parece que as publicações de grande tiragem normalmente não se aventuram a privar sua clientela desta satisfação, cuja importância e difusão não é conveniente menosprezar.

Os mais crédulos não se contentam com as indicações sumárias das gazetas e das revistas e recorrem às publicações especializadas. Em Paris, uma delas tem uma tiragem de mais de 100 mil exemplares. Geralmente, o adepto visita com certa regularidade um exegeta patenteado. Eis alguns números reveladores: 100 mil parisienses consultam todos os dias seis mil adivinhos, videntes ou cartomantes; segundo o Instituto Nacional de Estatísticas, 34 bilhões de francos[18] são gastos anualmente na França com astrólogos, magos e outros "bruxos". Nos Estados Unidos, só para a astrologia, uma pesquisa de 1953 contabilizou 30

---

18 Todos os valores que estão neste livro são do ano de 1958, data da publicação da 1ª edição.

mil profissionais estabelecidos, 20 revistas especializadas, sendo que uma tem tiragem de 500 mil exemplares, e dois mil periódicos que publicam uma rubrica de horóscopos. Avaliou em 200 milhões de dólares as somas gastas anualmente só para interrogar os astros, sem prejuízo dos outros métodos de adivinhação.

Descobriríamos facilmente numerosos índices da conivência dos jogos de azar e da adivinhação: um dos mais visíveis, dos mais imediatos, é talvez que as mesmas cartas servem tanto aos jogadores para tentar a sorte quanto às videntes para predizer o futuro. Estas utilizam jogos especializados apenas por uma questão de prestígio. E mesmo assim se trata de cartas comuns, completadas tardiamente com legendas ingênuas, ilustrações eloquentes ou alegorias tradicionais. Os próprios jogos de tarôs foram e continuam sendo utilizados para as duas finalidades. Em suma, existe um deslizamento quase natural entre risco e superstição.

Quanto à avidez na busca do favorecimento da sorte, atualmente constatada, ela provavelmente compensa a contínua tensão exigida pela competição da vida moderna. Quem se desencoraja com seus próprios recursos acaba contando com o destino. Um excessivo rigor da competição desencoraja o pusilânime e o convida a se entregar às potências externas. Ao conhecer e utilizar as oportunidades que o céu lhe arranja, ele tenta obter a recompensa que não acredita conquistar com suas qualidades, com um esforço dedicado e com um empenho paciente. Mais do que se obstinar em um trabalho ingrato, pede às cartas ou às estrelas que o advirtam sobre o momento propício para o sucesso de uma empreitada.

A superstição aparece assim como a perversão, ou seja, a aplicação à realidade de um dos princípios do jogo, a *alea*, que faz com que ninguém espere nada de si e tudo do acaso. A corrupção da *mimicry* segue um caminho paralelo: produz-se quando o simulacro não é mais considerado como tal, quando aquele que está disfarçado crê na realidade do papel, do disfarce e da máscara. E não *interpreta* mais esse *outro* que está representando, pois está persuadido de que é o *outro*, conduz-se de acordo e se esquece do ser que é. A perda de sua identidade profunda representa o castigo de quem não sabe interromper, no jogo, o gosto que tem de assumir uma personalidade estranha. A isso se chama *alienação*.

Também neste caso o jogo protege do perigo. O papel do ator é fortemente delimitado pela extensão do palco e pela duração do espetáculo. Com o espaço mágico abandonado, terminada a fantasmagoria, o histriônico mais vaidoso e o intérprete mais fervoroso são brutalmente obrigados, pelas próprias condições do teatro, a passar pelo camarim e ali retomar sua personalidade. Os aplausos não são apenas uma aprovação e uma recompensa. Marcam o fim da ilusão e do jogo. Por isso o baile de máscaras termina ao raiar do dia e o Carnaval é tão breve. A fantasia retorna à loja ou ao armário. Cada um volta a ser o que é. A precisão dos limites impede a alienação. Esta ocorre no fim de um trabalho subterrâneo e contínuo. Produz-se quando não houve uma nítida separação entre a fantasia e a realidade; quando o indivíduo, lentamente, conseguiu atribuir a si mesmo uma personalidade secundária, quimérica, invasora, que reivindica direitos exorbitantes em relação a uma realidade necessariamente incompatível com ela. Chega o momento em que o *alienado* – aquele que se tornou outro – empenha-se desesperadamente em negar, em submeter ou destruir este adereço demasiado resistente e, para ele, inconcebível, provocante.

É notável que, para o *agôn*, a *alea* ou a *mimicry*, a intensidade do jogo nunca é a causa do desvio funesto. Este é sempre decorrência de uma contaminação com a vida comum. Produz-se quando o instinto que comanda o jogo se manifesta fora dos limites estritos de tempo e de lugar, sem convenções prévias e imperiosas. É legítimo jogar tão a sério quanto se queira, dilapidar, arriscar toda a sua fortuna e, até mesmo, sua vida, mas é preciso conseguir parar no limite previamente fixado e saber retornar à condição comum, no momento em que as regras do jogo, ao mesmo tempo libertadoras e protetoras, não valem mais.

A competição é uma lei da vida cotidiana. O acaso também não contradiz a realidade. Nesta última, o simulacro desempenha seu papel, como vemos nos escroques, nos espiões e nos fugitivos. Em contrapartida, a vertigem está praticamente banida, mas talvez ainda faça parte de algumas raras profissões em que o valor do especialista consiste, aliás, em dominá-la. Além do mais, acarreta quase que imediatamente um perigo mortal. Nos parques de diversão, nos engenhos que servem para provocá-la artificialmente, tomam-se severas precauções para eliminar qualquer risco de acidente, e estes ainda assim podem ocorrer, mesmo em máquinas concebidas e construídas para garantir uma perfeita segurança àqueles que as usam, sendo submetidas a cuidadosas revisões periódicas. A vertigem física, estado extremo e que priva o paciente de qualquer meio de defesa, é tão difícil de obter quanto perigosa de experimentar. É por isso que a procura da obliteração da consciência ou da imprecisão da percepção, para se espalhar na vida cotidiana, deve tomar formas muito diferentes daquelas que vemos nos aparelhos giratórios, de velocidade, de queda e de propulsão, inventados para provocar a vertigem no universo fechado e protegido do jogo.

Essas instalações caras, complexas, estorvantes só existem nos parques de diversões das capitais ou são periodicamente montadas durante alguma festa popular. Só pela atmosfera, pertencem ao universo do jogo. Além do mais, a natureza dos solavancos oferecidos corresponde milimetricamente à definição de jogo: é breve, intermitente, calculado, descontínuo, como partidas ou encontros sucessivos. Os jogos permanecem independentes, enfim, do mundo real. Sua ação está limitada a sua própria duração. Param com a interrupção da máquina e o único traço que deixam no aficionado é um atordoamento passageiro, antes de restituí-lo a sua postura habitual.

Para incorporar a vertigem à vida cotidiana é necessário passar dos impetuosos efeitos da física aos poderes duvidosos e confusos da química. Exigimos então das drogas ou do álcool a excitação desejada ou o pânico voluptuoso dispensado de maneira brutal e brusca pelas máquinas dos parques. Mas desta vez o turbilhão não está nem fora nem separado da realidade: está instalado em seu interior e aí se desenvolve. Se, como a vertigem física, essa embriaguez e essa euforia também conseguem destruir por um determinado tempo a estabilidade da visão e a coordenação dos movimentos, libertar do peso da lembrança, das inquietudes da responsabilidade e da pressão do mundo, nem por isso sua influência desaparece com o uso. Alteram lenta mas duradouramente o organismo. Tendem a criar, junto com uma necessidade permanente, uma ansiedade insuportável. Encontramo-nos então nos antípodas do jogo, atividade sempre contingente e gratuita. Pela embriaguez e pela intoxicação, a busca de uma vertigem faz uma crescente irrupção na realidade, ainda mais extensa e perniciosa porque provoca uma dependência que constantemente recua o limiar a partir do qual experimentamos a desordem almejada.

Também sob este ponto o caso dos insetos é instrutivo. Existem aqueles que se divertem com jogos de vertigem, como provam, se não as borboletas que dançam em torno de uma chama, pelo menos a agitação turbilhonante dos girinos que transformam a superfície de uma poça qualquer em um carrossel prateado. Mas os insetos, e particularmente os insetos sociais, conhecem igualmente a "corrupção da vertigem" sob a forma de uma embriaguez com consequências desastrosas.

Assim uma formiga das mais comuns, a *formica sanguinea,* lambe com avidez as gotas perfumadas formadas de éteres gordurosos, secretados pelas glândulas abdominais de um pequeno coleóptero chamado *lochemusa strumosa,* cujas larvas as formigas introduzem em seus ninhos e acabam alimentando-as com tanto cuidado, que negligenciam as suas próprias. Não demora muito e essas mesmas larvas devoram a ninhada das formigas. As rainhas, malcuidadas, acabam engendrando apenas pseudóginos estéreis. O formigueiro definha e desaparece. A *formica fusca* que, em liberdade, mata as *loquemusas*, poupa-as e se torna escrava da *formica sanguinea*. Por causa dessa mesma atração pela gordura perfumada, mantém em seu formigueiro o *atemeles emarginatus*, que nem por isso deixa de conduzi-lo a sua destruição. No entanto, destrói este último parasita quando se torna escrava no formigueiro da *formica rufa*, que não o tolera. Não se trata, portanto, de uma atração irresistível, mas de uma espécie de vício que pode desaparecer em certas circunstâncias, pois a servidão, em particular, ora o suscita, ora permite que se lhe resista. Os líderes impõem seus costumes a seus prisioneiros[19].

Esses casos de intoxicação voluntária não são isolados. Uma outra espécie de formigas, a *iridomyrmex sanguineus* do Queenland, procura as lagartas de uma pequena falena cinza para beber o líquido inebriante que produzem. Pressionam com suas mandíbulas a carne suculenta dessas larvas para fazê-las expelir seu suco. Quando exaurem uma lagarta, passam para outra. O problema é que as lagartas da falena devoram os ovos da *iridomyrmex*. De vez em quando, o inseto que produz a gota perfumada "conhece" seu poder e estimula na formiga esse vício. A lagarta do *lycaena arion*, estudada por Chapman e por Frohawk, é munida de uma bolsa com mel. Quando encontra uma operária da espécie *myrmica laevinodis*, ergue os segmentos anteriores de seu corpo, incitando a formiga a transportá-la para seu ninho, alimentando-se então das larvas de *myrmica*. Mas esta última não se interessa pela lagarta

---

19 PIÉRON, H. "Les instincts nuisibles à l'espèce devant les théories transformistes". *Scientia*, t. IX, 1911, p. 199-203.

durante os períodos em que ela não produz mel. Por fim, um hemíptero javanês, *ptilocerus ochraceus*, descrito por Kirkaldy e Jacobson, apresenta no meio de sua face ventral uma glândula contendo um líquido tóxico que oferece às formigas, que o consideram muito apetitoso. E correm logo para lambê-lo. Como o líquido as paralisa, tornam-se uma presa fácil para o *ptilocerus*[20].

Os comportamentos aberrantes das formigas talvez não mostrem, como já disseram, a existência de instintos prejudiciais à espécie. Provam, ao contrário, que a irresistível atração por um produto paralisante consegue neutralizar os instintos mais fortes, especialmente o instinto de conservação que conduz o indivíduo a velar por sua própria segurança e que lhe ordena proteger sua descendência e alimentá-la. As formigas, poderíamos dizer, "se esquecem" de tudo pela droga. Adotam as condutas mais funestas, entregando-se ao inimigo ou abandonando-lhes seus ovos e suas larvas.

De uma maneira estranhamente análoga, o torpor, a embriaguez, a intoxicação pelo álcool atraem o homem para um caminho onde ele próprio se destrói de uma maneira insidiosa e irremediável. No fim, privado da liberdade de querer outra coisa além de seu veneno, encontra-se à mercê de um transtorno orgânico contínuo, singularmente mais perigoso do que a vertigem física que, pelo menos, compromete apenas momentaneamente sua capacidade de resistir ao fascínio do vazio.

*

---

20 MORTON-WEELER, W. *Les sociétés d'insectes.* Trad. franc. 1926, p. 312-317. Cito no Dossiê, p. 288s., a artimanha característica do *ptilocerus.*

Quanto ao *ludus* e à *paidia*, que não são categorias do jogo, mas maneiras de jogar, integram-se à existência comum com seu contraste imutável: aquele que opõe a algazarra a uma sinfonia, o rabisco à aplicação competente das leis da perspectiva. A sua oposição continua nascendo por causa de um trabalho harmônico, em que os diversos recursos disponíveis recebem o emprego mais propício e não tem nada em comum com uma agitação pura, desordenada, que só persegue seu próprio paroxismo.

O que deveria ser examinado era a corrupção dos princípios dos jogos ou, se preferirmos, sua livre expansão sem proteção nem convenção. Vimos como ela se produz segundo moldes idênticos, acarretando consequências que talvez só aparentemente sejam de uma gravidade muito desigual. A loucura ou a intoxicação parecem sanções desproporcionais ao simples extravasamento de um dos instintos do jogo fora do campo onde poderia desabrochar sem dano irreparável. Em contrapartida, a superstição, provocada pelo desvio da *alea*, parece benigna. E mais, a ambição sem freio a que se lança o espírito de competição liberto das regras de equilíbrio e de lealdade parece geralmente favorecer o audacioso que a ela se entrega. No entanto, a tentação de se submeter, para a conduta da vida, às potências inacessíveis e ao prestígio dos sinais ao aplicar mecanicamente um sistema de correspondências fictícias não encoraja o homem a tirar o melhor proveito de seus privilégios essenciais. Leva-o ao fatalismo. Torna-o incapaz de uma apreciação perspicaz das relações entre os fenômenos. Desencoraja-o de perseverar e de se esforçar para ter sucesso a despeito das circunstâncias.

Transposto para a realidade, o *agôn* tem como único objetivo o sucesso. As regras de uma rivalidade cortês são esquecidas e menosprezadas. Aparecem como simples convenções incômodas e hipócritas, estabelecendo-se uma implacável competição. O triunfo justifica os golpes baixos. Se o indivíduo ainda se contém pelo temor dos tribunais ou da opinião, parece legítimo, e até meritório, que as nações conduzam a guerra de uma maneira ilimitada e impiedosa. As diversas restrições feitas à violência caem em desuso. As operações não se limitam mais às províncias fronteiriças, às praças fortes e aos militares. Não são mais conduzidas segundo uma estratégia que, por vezes, fez a guerra se assemelhar a um jogo. A guerra se distancia então do torneio, do duelo, ou seja, do combate regrado em campo fechado, para encontrar sua forma absoluta nas destruições maciças e nos massacres de populações.

Toda a corrupção dos princípios do jogo se traduz por um abandono dessas convenções precárias e duvidosas que ainda permanece possível – ou mesmo vantajoso – negar, mas cuja difícil adoção marca, no entanto, o desenvolvimento da civilização. Se, com efeito, os princípios dos jogos correspondem a instintos poderosos (competição, busca obstinada da sorte, simulacro, vertigem), é fácil compreender que só possam receber uma satisfação positiva e criadora em condições ideais e circunscritas, aquelas que as regras do jogo propõem para cada caso. Entregues a si mesmos, frenéticos e prejudiciais como todos os instintos, esses impulsos elementares só poderiam resultar em funestas consequências. Os jogos disciplinam os instintos e lhes impõem uma existência institucional. No momento em que lhes concedem uma satisfação formal e limitada, os instintos são educados, fertilizados e vacinam a alma contra sua virulência, tornando-os ao mesmo tempo próprios a uma útil contribuição ao enriquecimento e à fixação dos estilos das culturas.

Quadro II

	Formas culturais que permanecem à margem do mecanismo social	Formas institucionais integradas à vida social	Corrupção
Agôn (Competição)	Esporte	Competição comercial Exames e concursos	Violência, vontade de poder, astúcia
Alea (Sorte)	Loterias, cassinos Hipódromos Apostas mútuas	Especulação na Bolsa	Superstição, astrologia etc.
Mimicry (Simulacro)	Carnaval Teatro Cinema Culto da estrelas	Uniforme, etiqueta cerimonial, profissões de representação	Alienação, desdobramento da personalidade
Ilinx (Vertigem)	Alpinismo, Esqui – acrobacias Embriaguez da velocidade	Profissões cujo exercício implica o domínio da vertigem	Alcoolismo e droga

Para uma sociologia a partir dos jogos

Por muito tempo o estudo dos jogos abrangeu somente a história dos brinquedos. A atenção era dada aos instrumentos ou aos acessórios dos jogos muito mais do que a sua natureza, suas características, suas leis, seus supostos instintos, o tipo de satisfação oferecida. Em geral, eram considerados como simples e insignificantes divertimentos infantis. Não se pensava, portanto, em lhes atribuir qualquer valor cultural. As pesquisas realizadas sobre a origem dos jogos ou dos brinquedos só confirmaram essa primeira impressão de que os brinquedos são utensílios, e os jogos, comportamentos divertidos e sem alcance, abandonados às crianças quando os adultos encontraram algo melhor. Assim, as armas que caem em desuso tornam-se brinquedos: o arco, o escudo, a zarabatana, a funda. O bilboquê e o pião foram primeiramente engenhos mágicos. E muitos deles também se baseiam em crenças perdidas ou reproduzem sem maiores consequências ritos destituídos de sua significação. As cantigas de roda e as parlendas aparecem também como antigos encantamentos caídos em desuso.

"Tudo se degrada no jogo", acaba concluindo o leitor de Hirn, de Groos, de *lady* Gomme, de Carrington Bolton e de tantos outros[21].

Huizinga, contudo, em 1938, em sua obra capital *Homo ludens*, defende a tese exatamente inversa: é a cultura que vem do jogo. Este é ao mesmo tempo liberdade e invenção, fantasia e disciplina. Todas as manifestações importantes da cultura basearam-se nele. São tributárias do espírito de busca do respeito da regra, do desapego por ele criado e alimentado. Sob certos aspectos, as regras do direito, da prosódia, do contraponto e da perspectiva, da encenação e da liturgia, da tática militar e da controvérsia filosófica são também regras do jogo. Constituem convenções que devem ser respeitadas. Suas redes sutis assentam a própria civilização.

"Teria tudo se originado do jogo?", perguntamo-nos ao chegar ao fim do *Homo ludens*.

---

21 Essa tese é a mais conhecida, a mais popular; beneficia-se da simpatia pública. Por isso é ela que vem à mente de um escritor tão pouco versado nesse assunto quanto Giraudoux. Oferece de improviso um resumo imagético, fantasista em todos os detalhes, mas significativo em seu conjunto. Segundo ele, os homens teriam "pelo jogo" imitado as ocupações corporais – e também morais, algumas vezes – "às quais a vida moderna os forçava a renunciar". Com a ajuda da imaginação, tudo se explica facilmente: "O corredor a pé, que é perseguido pelo seu concorrente, persegue uma caça ou um inimigo imaginário. O ginasta escala para colher frutos pré-históricos. O espadachim luta contra Guise ou Cyrano e o atirador de dardos com os medos e os persas. A criança quando brinca de pega-pega corre para fugir do sáurio. O jogador de hóquei desvia-se de pedras bizantinas e o jogador de pôquer usa a última reserva de feitiçaria dada aos cidadãos de paletó para hipnotizar e sugerir. De cada uma de nossas ocupações permaneceu um testemunho, que é o jogo: ele é a história representada dos primeiros tempos do mundo, e o esporte, que é a pantomima desses tempos árduos e combativos, foi então especialmente eleito para conservar no corpo sua agilidade e sua força primitivas" (GIRAUDOUX, J. *Sans pouvoirs*. Mônaco, 1946, p. 112-113).

As duas teses praticamente se contradizem. Creio que ninguém nunca as confrontou, seja para optar por uma delas, seja para articulá-las. Mas é preciso confessar que um acordo fácil parece bem distante. Em um caso, os jogos são sistematicamente apresentados como outras tantas degradações das atividades dos adultos que, tendo perdido sua seriedade, caem no nível das distrações anódinas. No outro, o espírito de jogo está na origem das fecundas convenções que permitem o desenvolvimento das culturas. Estimula a engenhosidade, o refinamento e a invenção. Ao mesmo tempo, ensina a lealdade em relação ao adversário e oferece o exemplo de competições em que a rivalidade não continua após o encontro. Pelo viés do jogo, o homem se encontra capacitado para derrotar a monotonia, o determinismo, a cegueira e a brutalidade da natureza. Aprende a construir uma ordem, a conceber uma economia, a estabelecer uma equidade.

Mas, quanto a mim, não creio na impossibilidade de resolver a antinomia. O espírito do jogo é essencial à cultura, mas jogos e brinquedos, ao longo da história, são realmente os resíduos dessa cultura. Sobrevivências incompreendidas de um estado envelhecido ou empréstimos feitos a uma cultura estrangeira e que acabam privados de seu sentido naquela onde foram introduzidos sempre aparecem independentemente do funcionamento da sociedade na qual são observados. São apenas tolerados, ao passo que, em uma fase anterior ou na sociedade de onde saíram, eram parte integrante de suas instituições fundamentais, laicas ou sagradas. Então, certamente não eram jogos, no sentido em que falamos dos jogos das crianças, mas não deixavam de participar da essência do jogo, assim como definida justamente por Huizinga. Sua função social mudou, mas não sua natureza. Foram despojados de sua significação política ou religiosa pela transferência e degradação sofridas. Mas essa decadência apenas revelou, ao isolá-la, que aquilo que continham não passava de estrutura de jogo.

Já é hora de dar alguns exemplos. É a máscara que fornece o principal e, certamente, o mais notável exemplo, uma vez que é o objeto sagrado universalmente disseminado e cuja passagem ao estado de brinquedo talvez marque uma transformação capital na história da civilização. Mas existem outros casos bem atestados de semelhante deslocamento. O pau de sebo liga-se aos mitos de conquista do céu, o futebol à disputa do globo solar entre duas fratrias antagonistas, assim como os jogos de corda serviram para pressagiar a preeminência das estações e dos grupos sociais que lhes correspondiam. A pipa, antes de se tornar um brinquedo na Europa, lá pelo fim do século XVIII, representava no Extremo Oriente a alma exterior de seu proprietário que permanecia em terra, mas ligado magicamente (e realmente pela linha com a qual se segura o engenho) à frágil armadura de papel entregue às agitações das correntes de ar. Na Coreia, a pipa fazia função de bode expiatório para libertar dos males uma comunidade pecadora. Na China, foi utilizada para medir as distâncias; como telégrafo rudimentar, para transmitir mensagens simples; também para lançar uma corda por cima de um rio e permitir assim fazer uma ponte de barcos. Na Nova Guiné era empregada para rebocar as embarcações. O jogo da amarelinha provavelmente representava o labirinto onde o iniciado se perdia. No jogo do pega-pega, sob a inocência e a agitação pueris, reconhece-se a terrível escolha de uma vítima propiciatória; designada pelo decreto do destino antes de sê-lo pelas sílabas sonoras e vazias da parlenda, ela podia (é o que pelo menos se supõe) se livrar de sua mácula passando-a pelo tato a quem pegasse na corrida.

No Egito faraônico, é comum a representação de um tabuleiro nos túmulos. As cinco casas embaixo e à direita estão ornadas com hieróglifos benéficos. Acima do jogador, algumas inscrições se referem às sentenças do julgamento dos mortos, ao qual preside Osíris. O defunto aposta em seu destino no outro mundo e ganha ou perde a eternidade bem-aventurada. Na Índia védica, o sacrificador utiliza um balanço para ajudar o sol a subir ao céu. A trajetória desse balanço deve supostamente ligar o céu e a terra. É comparada ao arco-íris, outra ligação entre o céu e a terra. O balanço é geralmente associado às ideias de chuva, de fecundidade e de renovação da natureza. Na primavera, balança-se solenemente Kama, deus do amor, e Krishna, patrono dos rebanhos. O balanço cósmico conduz o universo em um vaivém eterno no qual os seres e os mundos são arrastados.

Os jogos periódicos celebrados na Grécia eram acompanhados de sacrifícios e de procissões. Dedicados a uma divindade, constituíam por si sós uma oferenda de esforço, de destreza ou de graça. Essas competições esportivas eram, principalmente, uma espécie de culto, a liturgia de uma cerimônia piedosa.

Em geral, os jogos de azar estiveram constantemente ligados à adivinhação, da mesma forma que os jogos de força ou de destreza ou mesmo os torneios de enigmas tinham valor probatório nos rituais de entronização em um cargo ou em ministérios importantes. O jogo atual continua, muitas vezes, pouco desvencilhado de sua origem sagrada. Os esquimós só jogam com o bilboquê durante o equinócio de primavera. E com a condição de não irem caçar no dia seguinte. Esse período de purificação não se explicaria se a prática do bilboquê não tivesse sido primeiramente algo mais do que uma simples distração. De fato, tal prática dá origem a toda espécie de relatos mnemotécnicos. Na Inglaterra ainda existe uma data fixa para brincar de pião, sendo legítimo confiscar aquele que gira fora dessa data. Sabe-se que, antigamente, vilarejos, paróquias e cidades possuíam piões gigantescos que algumas confrarias faziam girar ritualmente durante certas festas. Aqui também o jogo infantil parece oriundo de uma pré-história carregada de significação.

As cantigas de roda e pantomimas parecem, por sua vez, prolongar ou associar liturgias já esquecidas. Por exemplo: na França, *La tour prends garde*, *Le pont du Nord* ou *Les chevaliers du guet*, e, na Grã-Bretanha, *Jenny Jones* ou *Old Rogers*.

Também não foi difícil identificar na trama desses divertimentos as reminiscências do casamento pelo rapto, de diversos tabus, de rituais funerários e de vários costumes esquecidos.

Não existe jogo, portanto, que os historiadores especializados não tenham visto como o último estágio da progressiva decadência de uma atividade solene e decisiva que engajava a prosperidade ou o destino dos indivíduos ou das comunidades. Pergunto-me, no entanto, se semelhante doutrina, que consiste em considerar cada jogo como a metamorfose última e humilhada de uma atividade séria, não é fundamentalmente incorreta e, em suma, uma pura e simples ilusão de ótica, que de forma alguma resolve o problema.

*

É bem verdade que o arco, a funda e a zarabatana subsistem como brinquedos, mesmo onde foram substituídos por armas mais poderosas. Mas as crianças ainda brincam com revólveres de água ou de molas, com carabinas de ar comprimido, e tanto o revólver quanto o fuzil continuam sendo usados pelos adultos. Brincam igualmente com tanques, submarinos e aviões em miniatura que lançam simulacros de bombas atômicas. Não existe uma nova arma que logo não encontre sua versão em brinquedo. Em contrapartida, nada garante que as crianças pré-históricas já não brincassem com arcos, fundas e zarabatanas no momento em que seus pais se serviam dessas armas "para valer" ou "de verdade", como diz, de uma maneira muito reveladora, a linguagem infantil. É improvável que tenhamos esperado a invenção do automóvel para brincar de diligência. O jogo *Monopólio* reproduz o funcionamento do capitalismo, e não o sucede.

A observação vale igualmente para o sagrado e para o profano. Os katchinas são semidivindades, objeto principal da piedade dos índios pueblos do Novo México, mas isso não impede que os mesmos adultos que os reverenciam e os encarnam durante suas danças com máscaras fabriquem bonecos a sua semelhança para o divertimento de seus filhos. Do mesmo modo, nos países católicos, é comum as crianças brincarem de missa, de confirmação, de casamento, de enterro. Os pais não interferem, pelo menos enquanto a imitação permanecer respeitosa. Na África negra as crianças fabricam de maneira análoga máscaras e instrumentos musicais, e só são punidas pelas mesmas razões se a imitação ultrapassar os limites e tomar um caráter muito paródico ou sacrílego.

Em resumo, instrumentos, símbolos e rituais da vida religiosa, comportamentos e gestos da vida militar são normalmente imitados pelas crianças, que se divertem em se conduzir como adultos, em fingir por um momento que são adultos. É por isso que toda cerimônia, mais comumente toda atividade regrada, por menos impressionante ou solene – sobretudo se o oficiante usar uma roupa especial para desempenhá-la –, serve normalmente de suporte a um jogo sem consequência. Por isso o sucesso dos brinquedos que, graças a alguns acessórios característicos e aos elementos de um disfarce rudimentar, permitem que a criança se transforme em oficial, agente de polícia, jóquei, aviador, marinheiro, caubói, cobrador de ônibus ou em qualquer personagem notável que chamou sua atenção. É o caso da boneca, que sob todas as latitudes permite à menina imitar sua mãe, ser uma mãe.

Acabamos então presumindo que não há degradação de uma atividade séria em divertimento infantil, e sim presença simultânea de dois registros diferentes. A criança indiana já brincava no balanço no momento em que o oficiante embalava piedosamente Kama ou Krishina no balanço litúrgico suntuosamente ornado de pedrarias e guirlandas. As crianças de hoje brincam de soldados sem que os exércitos tenham desaparecido. E como imaginar que um dia não se brinque mais de boneca?

*

Passemos agora às ocupações dos adultos. O torneio é um jogo, mas não a guerra. De acordo com as épocas, nela se morre pouco ou muito. É evidente que é possível ser morto em um torneio, mas somente por acidente, como em uma corrida de automóvel, em uma luta de boxe ou em um assalto de esgrima, pois o torneio é mais regrado, mais separado da vida real e mais circunscrito do que a guerra. Além do mais, não tem, por natureza, consequência fora da liça, pois é simplesmente uma ocasião para proezas prestigiosas que a façanha seguinte tratará de apagar, assim como um novo recorde apaga o desempenho anterior. Do mesmo modo, a roleta é um jogo, mas não a especulação, em que o risco, no entanto, não é menor. A diferença é que, em um caso, evita-se influenciar a sorte e, no outro, procura-se, ao contrário, influenciar a decisão final sem outro limite que o medo do escândalo ou da prisão.

Vemos por este viés que o jogo não é de forma alguma o resíduo anódino de uma ocupação que já não desperta o interesse do adulto, embora perpetue, eventualmente, seu simulacro, quando esta ocupação tornou-se obsoleta. Apresenta-se principalmente como uma atividade paralela, independente, que se opõe aos gestos e às decisões da vida cotidiana por meio das características específicas que lhe são próprias e que a fazem ser um jogo. A minha tentativa, até aqui, foi de definir e analisar essas características específicas.

Por isso os jogos das crianças consistem em parte, e muito naturalmente, em imitar os adultos, da mesma maneira que sua educação tem como objetivo prepará-los para que também se tornem adultos carregados de responsabilidades efetivas, não mais imaginárias e tais que basta dizer "não brinco mais" para suprimi-las. Mas é neste ponto que começa o verdadeiro problema, pois é preciso não esquecer de que, em relação aos adultos, estes não renunciam aos jogos complexos, variados, às vezes perigosos, que nem por isso deixam de ser jogos, porque são experimentados como tais. Ainda que a fortuna e a vida possam estar engajadas nesses jogos tanto e mais do que nas atividades consideradas sérias, todo jogador os distingue imediatamente destas últimas, mesmo quando as considera bem menos importantes do que o jogo que o apaixona. Na verdade, o jogo permanece isolado, limitado, sem uma repercussão importante, em princípio, na solidez e na continuidade da vida coletiva e institucional.

Os vários autores que se dedicaram a ver nos jogos – especialmente nos jogos infantis – degradações divertidas e insignificantes de atividades outrora carregadas de sentido e consideradas como decisivas acabaram não se apercebendo de que jogo e vida cotidiana são sempre e em toda parte campos antagonistas e simultâneos. Tamanho erro de perspectiva não deixa de ter, no entanto, precioso ensinamento. Demonstra claramente que a história vertical dos jogos, ou seja, sua transformação ao longo dos tempos – o destino de uma liturgia que se transforma em dança de roda, de um instrumento mágico ou de um objeto de culto que se torna um brinquedo –, está longe de informar sobre a natureza do jogo da forma como o imaginaram os estudiosos que descobriram essas pacientes e aleatórias filiações. Estas, em contrapartida, estabelecem, como por ricochete, que o jogo é consubstancial à cultura, cujas manifestações mais extraordinárias e complexas aparecem estreitamente associadas às estruturas de jogos, e mesmo como estruturas de jogos levadas a sério, erigidas em instituições, em legislações, tornadas estruturas imperiosas, coercitivas, insubstituíveis, encorajadas. Em resumo, regras do jogo social, normas de um jogo que é mais do que um jogo.

No fim, a questão de saber quem precedeu quem – o jogo ou a estrutura séria – aparece então como algo inútil. Explicar os jogos a partir das leis, costumes e liturgias ou, ao contrário, explicar a jurisprudência, a liturgia, as regras da estratégia, do silogismo ou da estética pelo espírito de jogo são operações complementares, igualmente fecundas, se não se considerarem exclusivas. As estruturas do jogo e as estruturas úteis são muitas vezes idênticas, mas as atividades respectivas por elas ordenadas são irredutíveis uma à outra em um tempo e em um lugar determinados. São exercidas, de todo modo, em campos incompatíveis.

Contudo, o que se expressa nos jogos não é diferente daquilo que uma cultura expressa. As motivações coincidem. É claro que, com o passar do tempo e com a evolução de uma cultura, o que era instituição certamente pode acabar se degradando. Um contrato antes essencial torna-se convenção formal, que cada um respeita ou negligencia como bem entender, pois se submeter a ele é, doravante, preocupação extravagante, luxuosa, sobrevivência prestigiosa, sem repercussão no funcionamento atual da sociedade em questão. Pouco a pouco, essa reverência obsoleta vai se tornando uma simples regra do jogo. Mas o simples fato de poder reconhecer em um jogo um importante e antigo elemento do mecanismo social revela uma extraordinária conivência e surpreendentes possibilidades de troca entre os dois campos.

Toda instituição funciona em parte como um jogo, de forma que se apresenta também como um jogo que foi preciso instaurar, apoiando-se em novos princípios e que teve de expulsar um jogo antigo. Esse jogo inédito responde a outras necessidades, valoriza outras normas e legislações, exige outras virtudes e aptidões. Desse ponto de vista, uma revolução aparece como uma mudança das regras do jogo, porque, por exemplo, as vantagens ou as responsabilidades antes reservadas a cada um pelo acaso do nascimento devem doravante ser conquistadas pelo mérito, graças a um concurso ou a um exame. Ou seja, os princípios que presidem aos diferentes tipos de jogos – acaso ou destreza, sorte ou superioridade demonstrada – manifestam-se igualmente fora do universo limitado do jogo. É preciso lembrar, no entanto, que este último é absolutamente governado por aqueles, sem resistência e, por assim dizer, como um mundo fictício sem matéria nem gravidade, ao passo que, no universo confuso e inextricável das relações humanas reais, a ação deles nunca é isolada, nem soberana, nem previamente limitada, e provoca consequências inevitáveis. Possui, para o bem ou para o mal, uma fecundidade natural.

Nos dois casos, contudo, é possível identificar as mesmas motivações:

- a necessidade de se afirmar, a ambição de se mostrar o melhor;
- o gosto pelo desafio, pelo recorde, ou simplesmente pela dificuldade vencida;
- a espera, a busca da graça do destino;
- o prazer do segredo, da simulação, do disfarce;
- o de ter medo ou de provocar medo;
- a busca da repetição, da simetria, ou, ao contrário, da alegria de improvisar, de inventar, de variar ao infinito as soluções;
- a de elucidar um mistério, um enigma;
- as satisfações oferecidas por toda arte combinatória;
- o desejo de se medir em uma prova de força, de destreza, de rapidez, de resistência, de equilíbrio, de engenhosidade;
- o estabelecimento de regras e de jurisprudência, o dever de respeitá-las, a tentação de contorná-las;
- por fim, a excitação e a embriaguez, a nostalgia do êxtase, o desejo de um pânico voluptuoso.

Todas essas atitudes ou esses impulsos, muitas vezes incompatíveis entre si, são encontrados no mundo marginal e abstrato do jogo, bem como no mundo não protegido da existência social, onde os atos têm normalmente seu pleno efeito. Mas nesse mundo não têm igual necessidade, não desempenham o mesmo papel, não desfrutam do mesmo crédito.

Ademais, é impossível manter equilibrada a balança entre eles. Em larga medida, excluem-se um ao outro. Onde uns são valorizados, outros são obrigatoriamente depreciados. De acordo com os casos, obedece-se ao jurista ou segue-se o furioso, confia-se no cálculo ou na inspiração;

estima-se a violência ou a diplomacia; dá-se preferência ao mérito ou à experiência, à sabedoria ou a algum inverificável (portanto, indiscutível) saber que supostamente vem dos deuses. Assim, efetua-se em cada cultura uma repartição implícita, inexata e incompleta entre os valores aos quais é reconhecida uma eficácia social e aos outros valores. Estes desabrocham então nos campos secundários que lhes são abandonados e onde o campo do jogo ocupa um lugar importante. Por isso é possível se perguntar se a diversidade das culturas e se os traços particulares que dão a cada uma delas sua fisionomia original não têm relação com a natureza de certos jogos que nelas são vistos prosperar e que em outros lugares não se beneficiam da mesma popularidade.

É evidente que pretender definir uma cultura a partir unicamente de seus jogos seria uma operação arriscada e provavelmente falaciosa. Com efeito, cada cultura conhece e pratica simultaneamente um grande número de jogos de espécies diferentes. Sobretudo, não é possível determinar, sem uma análise prévia, quais deles se harmonizam com os valores institucionais, quais os confirmam e os reforçam, e quais, ao contrário, os contradizem, achincalham e representam assim, na sociedade considerada, compensações ou válvulas de escape. A título de exemplo, está claro que, na Grécia clássica, os jogos de estádio ilustram o ideal da cidade e contribuem para realizá-lo, ao passo que, em vários estados modernos, as loterias nacionais ou as apostas mútuas nas corridas de cavalo vão contra o ideal proclamado. Nem por isso deixam de desempenhar um papel significativo e até talvez indispensável, precisamente na medida em que oferecem uma contrapartida de natureza aleatória às recompensas que, em princípio, só o trabalho e o mérito deveriam trazer.

De todo modo, uma vez que o jogo ocupa um campo próprio cujo conteúdo é variável e, às vezes, até mesmo intercambiável com o conteúdo da via cotidiana, seria mais importante determinar o mais precisamente possível as características específicas desta ocupação que é considerada como própria da criança, mas que não deixa de seduzir o adulto sob outras formas. Foi essa a minha primeira preocupação.

Ao mesmo tempo, acabei constatando que essa pretensa distração, no momento em que o adulto a ela se entrega, não o absorve menos do que sua atividade profissional. Geralmente interessa-lhe ainda mais, exigindo-lhe, às vezes, um gasto maior de energia, de destreza, de inteligência ou de atenção. Para mim, essa liberdade, essa intensidade e o fato de que a conduta que é exaltada se desenvolve em um mundo à parte, ideal, ao abrigo de qualquer consequência fatal, explicam a fertilidade cultural dos jogos e levam a compreender como a escolha que testemunham revela, por sua vez, o rosto, o estilo e os valores de cada sociedade.

Por isso, persuadido de que existem necessariamente entre os jogos os costumes e as instituições, relações estreitas de compensação ou de conivência, parece-me perfeitamente razoável investigar se o próprio destino das culturas, sua possibilidade de sucesso e seu risco de estagnação não se encontram igualmente inscritos na preferência que dão a uma ou a outra das categorias elementares em que pensei poder dividir os jogos, sendo que nem todas têm uma mesma fecundidade. Ou seja, não principio apenas uma sociologia dos jogos. Pretendo lançar os fundamentos de uma sociedade *a partir* dos jogos.

Segunda parte

VI

Teoria ampliada dos jogos

As atitudes elementares que comandam os jogos – competição, sorte, simulacro, vertigem – nem sempre se encontram isoladamente. Não foram poucas as ocasiões em que se pôde constatar que estavam aptas para combinar suas seduções. E vários jogos baseiam-se até mesmo nesta capacidade de se associar. Mas para que isso ocorra é necessário que princípios tão bem definidos se ajustem indistintamente. Quando tomadas duas a duas, estas quatro atitudes fundamentais permitem, em teoria, seis – e apenas seis – combinações igualmente possíveis. Cada uma delas ajustando-se alternadamente com uma das outras três.

- Competição-sorte (*agôn-alea*).
- Competição-simulacro (*agôn-mimicry*).
- Competição-vertigem (*agôn-ilinx*).
- Sorte-simulacro (*alea-mimicry*).
- Sorte-vertigem (*alea-ilinx*).
- Simulacro-vertigem (*mimicry-ilinx*).

É evidente que poderíamos prever combinações ternárias, mas é visível que quase sempre constituem apenas justaposições ocasionais que não influenciam a característica dos jogos em que são observadas. Assim, uma corrida de cavalos, *agôn* típico para os jóqueis, é ao mesmo tempo um espetáculo – que, como tal, está subordinado à *mimicry* – e um pretexto a apostas, meio pelo qual a competição é suporte da *alea*. Nem por isso, no entanto, os três campos deixam de ser relativamente autônomos. O princípio da corrida não é modificado por se apostar nos cavalos. Não há aliança, mas simplesmente encontro, que de forma alguma se deve ao acaso e se explica pela própria natureza dos princípios dos jogos.

Estes não podem se combinar, ainda que dois a dois, com a mesma facilidade. Seu conteúdo oferece às seis combinações teoricamente possíveis um nível de probabilidade e de eficácia muito diferente. Em certos casos, a natureza desses conteúdos ou torna sua aliança inconcebível no início ou a exclui do universo do jogo. Outras combinações, que não são proibidas pela natureza das coisas, permanecem puramente acidentais. Não correspondem a afinidades imperiosas. Talvez, por fim, até se manifestem, entre as grandes tendências que opõem as diversas espécies de jogos, solidariedades constitucionais. E, bruscamente, revela-se uma cumplicidade decisiva.

É por isso que, das seis combinações previsíveis entre os princípios dos jogos, duas aparecem ao exame como contranaturais, duas outras simplesmente viáveis, enquanto as duas últimas refletem conivências essenciais.

É importante apreciar de mais perto como essa sintaxe se articula.

1) Combinações proibidas

Está claro, em primeiro lugar, que a vertigem não poderia se associar à rivalidade regrada sem que logo a desnaturasse. A paralisia que ela provoca, assim como o furor cego que gera em outros casos, constitui a negação rigorosa de um esforço controlado. Destroem as condições que definem o *agôn*, isto é, o recurso eficaz à destreza, à potência, ao cálculo; o autocontrole; o respeito da regra; o desejo de se enfrentar com armas iguais; a submissão prévia ao veredito de um árbitro; a obrigação previamente reconhecida de circunscrever a luta aos limites acertados etc. Nada subsiste.

Regra e vertigem são, decididamente, incompatíveis. O simulacro e a sorte também não parecem suscetíveis a qualquer conivência. Com efeito, qualquer astúcia torna inútil a consulta do destino. Não há sentido em tentar enganar o acaso. O jogador pede uma decisão que o certifique da graça incondicional do destino. No momento em que a solicita não poderia fingir um personagem estranho, nem crer nem fazer crer que é outro que não ele mesmo. Ademais, por definição, nenhum simulacro pode enganar a fatalidade. A *alea* supõe um abandono total e completo à vontade da sorte, renúncia em contradição com o disfarce ou o subterfúgio. Caso contrário, acaba-se entrando no campo da magia, ou seja, trata-se de forçar o destino. Assim como, pouco antes, a vertigem destruiu o princípio do *agôn*, agora é o da *alea* que está destruído, e não existe mais jogo propriamente falando.

2) Combinações contingentes

Em contrapartida, a *alea* se associa sem prejuízo à vertigem, e a competição à *mimicry*. Nos jogos de azar, todos sabem que uma vertigem particular se apodera tanto do jogador favorecido pela sorte quanto daquele perseguido pelo azar. Não sentem mais o cansaço e mal percebem o que se passa em torno deles. Estão como que alucinados pela bola que está prestes a parar ou pela carta que vão tirar. Perdem todo sangue-frio e, por vezes, arriscam muito mais do que possuem. O folclore dos cassinos é muito rico em anedotas significativas a esse respeito. De todo modo, é importante observar que o *ilinx*, que destruía o *agôn*, não impossibilita de forma alguma a *alea*. Ele paralisa o jogador, fascina-o, enlouquece-o, mas nem por isso o leva a violar as regras do jogo. Podemos até mesmo afirmar que o submete muito mais às decisões do destino e o persuade a se entregar a elas ainda mais completamente. A *alea* supõe uma renúncia da vontade, e é então compreensível que esta recorra a um estado de transe, de possessão ou de hipnose, ou que o desenvolva. É nesse sentido que há verdadeiramente composição das duas tendências.

Uma composição análoga existe entre o *agôn* e a *mimicry*. Tive ocasião de destacar que toda competição é em si mesma um espetáculo. Desenrola-se segundo regras idênticas, na mesma expectativa do desfecho. Exige a presença de um público que corre aos guichês do estádio ou do velódromo, assim como faz com aqueles do teatro ou do cinema.

Os adversários são aplaudidos a cada vantagem obtida. As peripécias de sua luta correspondem aos diferentes atos ou episódios de um drama. Este é o momento de lembrar em que ponto o campeão e a estrela são personagens intercambiáveis. Também aqui existe composição de duas tendências, pois a *mimicry* não só não prejudica o princípio do *agôn* como o reforça pela necessidade de cada competidor de não decepcionar uma assistência que, ao mesmo tempo, o aclama e o controla. Sente-se representando e é obrigado a jogar o melhor possível, isto é, de um lado, com perfeita correção e, de outro, esforçando-se ao extremo para conseguir a vitória.

3) Combinações fundamentais

Falta examinar o caso em que se constata uma conivência essencial entre os princípios dos jogos. A esse respeito, nada mais notável do que a exata simetria que surge entre a natureza do *agôn* e a da *alea*, pois são paralelas e complementares. Ambas exigem uma equidade absoluta, uma igualdade das chances matemáticas e que, pelo menos, aproxime-se tanto quanto possível de um rigor impecável. Há em toda parte regras de uma admirável precisão, medidas meticulosas, cálculos engenhosos. Sendo assim, o modo de designação do vencedor é estritamente inverso nos dois tipos de jogos: em um, como vimos, o jogador só conta consigo; no outro, conta com tudo, menos consigo. Um uso de todos os recursos pessoais contrasta com a recusa deliberada de empregá-los. Mas, entre os dois extremos representados – por exemplo, pelo jogo de xadrez e o jogo de dados, o futebol e a loteria –, abre-se um leque com uma variedade de jogos que combinam, em proporções variáveis, as duas atitudes, como os jogos de cartas, que não são de puro azar, o dominó, o golfe e tantos outros. Nestes jogos, para o jogador, o prazer surge de ter de tirar o melhor partido possível de uma situação que não criou ou de peripécias que somente em parte pode conduzir. A sorte representa a resistência que a natureza, o mundo exterior ou a vontade dos deuses opõem à força, à destreza ou ao conhecimento do jogador. O jogo aparece como a imagem mesma da vida, mas como uma imagem fictícia, ideal, ordenada, separada, limitada. E não poderia ser de outra forma, pois são estas as características imutáveis do jogo.

Agôn e *alea*, nesse universo, ocupam o campo da regra. Sem regra não existem nem competições nem jogos de azar. No outro polo, *mimicry* e *ilinx* supõem igualmente um mundo desregrado onde o jogador improvisa constantemente, contando com uma fantasia transbordante ou com uma inspiração soberana, cujo código nenhuma das duas reconhece. Pouco antes, no *agôn*, o jogador apoiava-se em sua vontade, mas abandonava-a na *alea*. Agora, a *mimicry* supõe, da parte de quem se entrega a ela, a consciência do fingimento e do simulacro, ao passo que é próprio da vertigem e do êxtase abolir qualquer consciência.

Ou seja, na simulação, observa-se uma espécie de desdobramento da consciência do ator entre sua própria pessoa e o papel que desempenha; na vertigem, ao contrário, há desordem e pânico, e até mesmo eclipse absoluto da consciência. Mas uma situação fatal é criada pelo fato de o simulacro ser, por si mesmo, gerador de vertigem e do desdobramento ser fonte de pânico. Fingir ser outro aliena e transporta. Usar uma máscara inebria e liberta. De forma que, nesse campo perigoso onde a percepção naufraga, a combinação da máscara e do transe é entre todas a mais temível. Provoca tais acessos, alcança tais paroxismos que, na consciência alucinada do possuído, o mundo real se encontra passageiramente destruído.

As combinações da *alea* e do *agôn* são um jogo livre da vontade a partir da satisfação que experimentamos ao vencer uma dificuldade arbitrariamente concebida e voluntariamente aceita. A aliança da *mimicry* e do *ilinx* abre a porta a um arrebatamento inexpiável, total, que, em suas formas mais nítidas, aparece como o contrário do jogo, isto é, como uma metamorfose indizível das condições de vida. A profunda agitação assim provocada, pois sem referência compreensível, parece ter uma superioridade tão completa em termos de autoridade, de valor e de intensidade sobre o mundo real quanto o mundo real parece tê-la sobre as atividades formais e jurídicas. Tais atividades são previamente protegidas, constituídas pelos jogos submetidos às regras complementares do *agôn* e da *alea*, sendo neles completamente referenciadas. A aliança entre o simulacro e a vertigem é tão poderosa e tão irremediável que acaba pertencendo naturalmente à esfera do sagrado e fornecendo talvez um dos principais motivos para a mistura de terror e de fascínio que o define.

A virtude de tal sortilégio parece-me invencível, não me causando espanto que tenham sido necessários milênios para o homem se libertar da miragem. Ganhou com isso o acesso ao que normalmente se chama "civilização". Creio que o advento desta é a consequência de uma aposta praticamente idêntica em todo lugar e que nem por isso deixou de acontecer em condições diferentes em todo lugar. Nesta segunda parte, meu esforço será o de pressupor as grandes linhas desta revolução decisiva. No fim, e por um viés imprevisto, tentarei determinar como se produziu o divórcio, a fissura que secretamente condenou a combinação entre a vertigem e o simulacro, que quase tudo levava a crer ser de uma inquebrantável permanência.

Porém, antes de começar o exame da substituição capital que permuta o mundo da máscara e do êxtase pelo do mérito e da sorte, devo ainda, nestas páginas preliminares, indicar resumidamente outra simetria. Acabamos de ver que a *alea* combina-se eminentemente com o *agôn*, e a *mimicry* com o *ilinx*. Mas ao mesmo tempo, no interior da aliança, é admirável que um dos componentes represente sempre um fator ativo e fecundo, e o outro um elemento passivo e nocivo.

A competição e o simulacro podem criar, e de fato criam, formas de cultura em que normalmente se reconhece um valor quer educativo, quer estético. Dessas formas resultam instituições estáveis, prestigiosas, constantes, quase inevitáveis. Com efeito, a competição regrada nada mais é do que o esporte; o simulacro concebido como jogo nada mais do que o teatro. Em contrapartida, a busca da sorte e a procura da vertigem, salvo raras exceções, não resultam em nada e nada criam que seja capaz de se desenvolver ou de se estabelecer. O mais comum é engendrarem paixões que paralisam, interrompem ou devastam.

Não é tão difícil assim descobrir a raiz de tal desigualdade. Na primeira associação, aquela que preside ao mundo da regra, a *alea* e o *agôn* expressam atitudes diametralmente opostas em relação à vontade. O *agôn*, desejo de vitória e esforço para obtê-la, implica que o campeão conta com seus próprios recursos. Quer triunfar, dar prova de sua excelência. Nada mais fértil do que tal ambição. A *alea*, ao contrário, aparece como uma aceitação prévia, incondicional, do veredito do destino. Essa abdicação significa que o jogador se submete a um lance de dados, e que não fará outra coisa senão jogá-los e ler o resultado. A regra é que se abstenha de agir para não falsear ou forçar a decisão do destino.

Claro, são duas maneiras simétricas de assegurar um perfeito equilíbrio, uma equidade absoluta entre os competidores. Mas uma é luta da vontade contra os obstáculos externos e, a outra, renúncia do querer diante de um suposto sinal. Por isso a emulação é um perpétuo exercício e um treino eficaz para as faculdades e as virtudes humanas, enquanto o fatalismo é inação fundamental. A primeira atitude ordena o desenvolvimento de qualquer superioridade pessoal; a outra, a expectativa imóvel e muda de uma consagração ou de uma condenação absolutamente externa. Nestas condições não surpreende que o saber e a técnica apoiem e recompensem o *agôn*, enquanto a magia, a superstição e o estudo dos prodígios e das coincidências acompanhem infalivelmente as incertezas da *alea*[22].

É possível constatar, no universo caótico do simulacro e da vertigem, uma idêntica polaridade. A *mimicry* consiste

---

22 Essas atitudes opostas são – ainda é preciso dizê-lo? – raramente puras. Os campeões munem-se de fetiches (nem por isso deixam de contar com seus músculos ou com sua destreza ou com sua inteligência), os jogadores, antes de mirar, entregam-se a sábios cálculos quase inúteis (mas pressentem – sem ter lido Poincaré nem Borel – que o acaso não tem coração nem memória). O homem não poderia estar por completo do lado do *agôn* ou do lado da *alea*. Ao escolher um, logo consente ao outro uma espécie de desonrosa contrapartida.

em representar deliberadamente um personagem, o que facilmente se torna uma obra de arte, de cálculo, de astúcia. O ator deve compor seu papel e criar a ilusão dramática. É obrigado a estar atento e a ter uma contínua presença de espírito, assim como aquele que disputa uma competição. Ao contrário, no *ilinx* – neste ponto semelhante à *alea* – há renúncia, e não somente da vontade, mas também da consciência. O resignado permite que ela vá ao sabor dos ventos e inebria-se ao senti-la dirigida, dominada, possuída por forças estranhas. Para chegar a esse ponto, basta se abandonar, o que não exige nem desperta qualquer aptidão particular.

Assim como, nos jogos de azar, o perigo é o de não poder limitar a aposta, aqui é o de não poder dar um basta à desordem consentida. Desses jogos negativos talvez devesse surgir pelo menos uma capacidade crescente de resistir a um determinado fascínio. Mas é o contrário que é verdadeiro, pois essa aptidão só tem sentido em relação à tentação obsedante, de modo que é constantemente questionada e de certa forma fadada naturalmente à derrota. Não é possível educá-la, mas pode-se expô-la até que sucumba. Os jogos de simulacro conduzem às artes do espetáculo, expressão e ilustração de uma cultura. A procura do transe e do pânico íntimo subjuga, no homem, o discernimento e o querer. Faz dele o prisioneiro dos êxtases equivocados e exaltantes pelos quais pensa ser deus, e que o dispensam de ser homem, e que o destroem.

Assim, no interior destas duas grandes associações, só uma única categoria de jogos é verdadeiramente criativa: a *mimicry*, na combinação da máscara e da vertigem; o *agôn*, naquela da rivalidade regrada e da sorte. As outras são imediatamente devastadoras. Traduzem uma solicitação desmedida, desumana, incurável, uma espécie de atração terrível e funesta, cuja sedução é importante neutralizar. Nas sociedades onde reinam o simulacro e a hipnose, por vezes a saída é encontrar o momento em que o espetáculo triunfa sobre o transe, isto é, quando a máscara de feiticeiro torna-se a máscara de teatro. Nas sociedades fundadas sobre a composição do mérito e da sorte existe também um esforço incessante – inegavelmente satisfatório e rápido – em aumentar a parcela da justiça em detrimento da do acaso. A este esforço chamamos progresso.

Já é hora de examinar o jogo da dupla relação (simulacro e vertigem de um lado, sorte e mérito do outro) ao longo das pretensas peripécias da aventura humana assim como a etnografia e a história a apresentam atualmente.

VII

Simulacro e vertigem

A estabilidade dos jogos é notável. Os impérios e as instituições desaparecem; os jogos permanecem com as mesmas regras, por vezes com os mesmos acessórios. Sobretudo porque não são importantes e possuem a permanência do insignificante. Eis aqui um primeiro mistério, pois, para se beneficiar desta espécie de continuidade ao mesmo tempo fluida e obstinada, os jogos deveriam se assemelhar às folhas das árvores que morrem de uma estação para outra e que, no entanto, continuam se perpetuando idênticas a si mesmas; deveriam dispor da perenidade do pelo dos animais, do desenho das asas das borboletas, da curva das espirais das conchas que, imperturbáveis, vão se transmitindo de geração em geração. Os jogos não desfrutam dessa identidade hereditária. São incontáveis e cambiantes. Revestem-se de mil formas desigualmente distribuídas, tal como as espécies vegetais, mas, infinitamente mais aclimatáveis, emigram e se adaptam com uma rapidez e uma facilidade desconcertantes. Poucos são aqueles que vimos permanecer como propriedade exclusiva de um determinado espaço de difusão. Depois de termos citado o pião, decididamente ocidental, e a pipa, que talvez tenha permanecido desconhecida na Europa até o século XVIII, o que sobra? Os outros jogos foram se espalhando, desde muito tempo, sob uma ou outra forma pelo mundo todo. Fornecem uma prova da identidade da natureza humana. Mesmo que por vezes tenha sido possível localizar suas origens, tivemos de renunciar limitar sua expansão. Como todos seduzem em toda parte, somos forçados a reconhecer uma universalidade singular dos princípios, dos códigos, dos engenhos e das proezas.

a) Interdependência dos jogos e das culturas

Estabilidade e universalidade se completam e surgem ainda mais significativas na medida em que os jogos dependem muito das culturas onde são praticados. Acusam suas preferências, prolongam seus usos, refletem suas crenças. Na Antiguidade, o jogo de amarelinha é um labirinto onde se empurra uma pedra – isto é, a alma – para a saída. Com o cristianismo, o desenho se alonga e se simplifica. Reproduz o plano de uma basílica. Trata-se de fazer com que a alma, a pedrinha empurrada, chegue até o céu, ao paraíso, à coroa ou à glória, que coincide com o altar-mestre da igreja, esquematicamente representada no chão por uma sequência de retângulos. Na Índia, o xadrez era jogado com quatro reis. O jogo chegou ao Ocidente medieval. Sob a dupla influência do culto da Virgem e do amor cortês, um dos reis foi transformado em rainha ou em dama, que se torna a peça mais poderosa, enquanto o rei encontrava-se confinado ao papel de aposta ideal – mas quase passivo – da partida. O importante, todavia, é que as vicissitudes não atingiram a continuidade essencial do jogo da amarelinha ou do xadrez.

Podemos ir mais longe e denunciar, por outro lado, uma verdadeira solidariedade entre qualquer sociedade e os jogos preferidos que ali são praticados. De fato, existe uma afinidade que não para de aumentar entre suas regras e as qualidades e defeitos comuns dos membros da coletividade. Esses jogos preferidos e mais conhecidos manifestam as tendências, os gostos, as maneiras de raciocinar mais comuns e, ao mesmo tempo, educam e atraem os jogadores para essas mesmas virtudes ou mesmas imperfeições, confirmando-as insidiosamente em seus hábitos ou suas preferências. Assim, um jogo que é valorizado entre um povo pode, ao mesmo tempo, servir para definir algumas de suas características morais ou intelectuais, fornecer uma prova da exatidão da sua descrição e contribuir para torná-la mais verdadeira ao acentuá-la entre aqueles que praticam o jogo.

Não é absurda a tentativa de diagnosticar uma civilização a partir dos jogos que ali prosperam particularmente. Com efeito, se os jogos são fatores e imagens de cultura, conclui-se que, em certa medida, uma civilização, e, no interior de uma civilização, uma época pode ser caracterizada pelos seus jogos. Estes necessariamente traduzem sua fisionomia geral e trazem indicações úteis sobre as preferências, as fraquezas e as forças de uma determinada sociedade em um determinado momento de sua evolução. Talvez, para uma inteligência infinita, para o demônio imaginado por Maxwell, o destino de Esparta fosse visível no rigor militar dos jogos do ginásio, o de Atenas nas aporias dos sofistas, a queda de Roma nos combates de gladiadores e a decadência de Bizâncio nas disputas do hipódromo. Os jogos geram hábitos, criam reflexos. Antecipam um certo tipo de reações e, por consequência, convidam a considerar as reações opostas como brutais ou dissimuladas, provocantes ou desleais. O contraste dos jogos preferidos entre povos vizinhos certamente não fornece a maneira mais segura de determinar as origens de uma disputa psicológica, mas pode, afinal, trazer uma ilustração surpreendente para isso.

Dou um exemplo: não é irrelevante que o esporte anglo-saxão por excelência seja o golfe, isto é, um jogo em que cada um a qualquer momento tem a possibilidade de trapacear se quiser e como quiser, mas que perde rigorosamente todo interesse a partir do momento em que se trapaceia. Por isso, não podemos nos surpreender com a correlação, nos mesmos países, entre a conduta do contribuinte em relação ao fisco e do cidadão em relação ao Estado.

Um exemplo não menos instrutivo é fornecido pelo truco, jogo de cartas argentino*, em que tudo é astúcia e mesmo, de alguma forma, trapaça, mas trapaça codificada, regulamentada, obrigatória. Neste jogo, que tem características do pôquer e da manilha, o essencial para cada jogador é revelar a seu parceiro as cartas e as combinações de cartas que tem na mão sem que seus adversá-

---

* Embora o autor defina o jogo de truco como argentino, não há consenso, como é o caso da maioria dos jogos tradicionais, sobre sua origem. Ele é bastante difundido na América do Sul, talvez porque esta região tenha sido colonizada, entre outros povos, por espanhóis e italianos, sendo que nesses países este é um jogo muito popular [N.R.T.].

rios sejam informados. Para as cartas, dispõe de jogos de fisionomia. A uma série de muxoxos, de caretas, de piscadelas apropriadas – sempre os mesmos – corresponde uma carta-mestra diferente. Esses sinais, que fazem parte da legislação do jogo, devem informar o aliado sem ajudar o inimigo. O bom jogador, rápido e discreto, sabe tirar proveito de qualquer desatenção da parte adversária: uma mímica imperceptível e o parceiro está advertido. Quanto às combinações de cartas, trazem nomes, como *flor*: a habilidade consiste em evocar esses nomes no espírito do parceiro sem pronunciá-los efetivamente, sugerindo-os de forma vaga para que apenas ele compreenda a mensagem. Aqui também estes raros componentes em um jogo extremamente conhecido, e por assim dizer nacional, também acabam suscitando, alimentando ou traduzindo certos hábitos mentais que contribuem para dar à vida ordinária, e mesmo aos assuntos públicos, seu caráter original: o recurso à alusão engenhosa, um sentido agudo da solidariedade entre associados, uma tendência à enganação meio maliciosa, meio séria e, aliás, admitida e bem recebida quando a serviço de revanche. É uma eloquência, por fim, em que é difícil encontrar a palavra-chave e que provoca uma aptidão correspondente ao descobri-la.

Assim como a música, a caligrafia e a pintura, os chineses colocam o jogo de damas e o de xadrez na condição das quatro práticas que devem ser exercidas por um homem culto. Estimam que esses jogos também habituem o espírito a ter prazer nas múltiplas respostas, combinações e surpresas que a cada instante nascem de situações constantemente novas. Com isso, a agressividade se apazigua enquanto a alma vai aprendendo a serenidade, a harmonia, a alegria de contemplar as possibilidades. Sem dúvida, esse é um traço de civilização.

Todavia, está claro que diagnósticos dessa espécie permanecem infinitamente delicados. Convém confrontar rigorosamente, a partir de outros dados, aqueles que parecem os mais evidentes. Geralmente, aliás, a abundância e a variedade dos jogos simultaneamente valorizados em uma mesma cultura já lhes retiram qualquer significação. Por fim, é possível que o jogo traga uma compensação sem alcance, uma saída divertida e fictícia às tendências delituosas que a lei ou a opinião reprovam e condenam. Ao contrário das marionetes de fio, geralmente feéricas e graciosas, os fantoches normalmente encarnam (como Hirn já havia observado[23]) personagens pesados e cínicos, que tendem ao grotesco e à imoralidade, e mesmo ao sacrílego. Como na história tradicional de Punch e Judy. Punch assassina sua mulher e seu filho, recusa-se a dar esmola a um mendigo com quem cruza, comete todo tipo de crimes, mata a morte e o diabo e, para encerrar, enforca em seu próprio cadafalso o carrasco que veio castigá-lo. Certamente, seria um erro distinguir nesta charge sistemática uma imagem do ideal do público britânico que aplaude tantas proezas sinistras. É claro que não as aprova, mas sua alegria ruidosa e inofensiva o relaxa: aclamar o palhaço escandaloso e triunfante é uma maneira bem barata de se vingar dos mil constrangimentos e proibições que a moral impõe à realidade.

Expressão ou exutório dos valores coletivos, os jogos aparecem necessariamente ligados ao estilo e à vocação

---

23 HIRN, Y. *Les jeux d'enfants*. Trad. franc. Paris, 1926, p. 165-174.

das diferentes culturas. A relação é frouxa ou rígida, concisa ou difusa, mas inevitável. Desde então, o caminho parece aberto à concepção de uma ação mais ampla e, aparentemente, mais audaciosa, mas talvez menos aleatória do que a mera busca de correlações episódicas. Podemos presumir que os princípios que comandam os jogos e que permitem classificá-los devem revelar sua influência para além do campo por definição separado, regrado e fictício que lhes é atribuído e graças ao qual permanecem jogos.

O gosto pela competição, a busca da sorte, o prazer do simulacro, a atração pela vertigem aparecem, certamente, como os motores principais dos jogos, mas sua ação penetra infalivelmente em todos os aspectos da vida das sociedades. Assim como os jogos são universais, ainda que em toda parte os mesmos jogos não sejam jogados nas mesmas proporções – que aqui se jogue basebol, e ali se prefira o xadrez –, convém se perguntar se os princípios dos jogos (*agôn, alea, mimicry, ilinx*) não estão também, e fora dos jogos, repartidos de forma bastante desigual entre as diversas sociedades para que diferenças acentuadas na dosagem de causas tão gerais não acarretem contrastes importantes na vida coletiva e até mesmo institucional dos povos.

Não pretendo de forma alguma insinuar que a vida coletiva dos povos e suas diversas instituições sejam variedades de jogos também governados pelo *agôn*, a *alea*, a *mimicry* e o *ilinx*. Pelo contrário, mantenho que o campo do jogo não constitui afinal senão uma espécie de ilhota restrita, artificialmente consagrada às competições calculadas, aos riscos ilimitados, às dissimulações sem consequências e aos pânicos anódinos. Mas suspeito também que os princípios dos jogos, motivos persistentes e comuns da atividade humana, tão persistentes e tão comuns que parecem constantes e universais, devam marcar profundamente os tipos de sociedade. Suspeito até mesmo que, por sua vez, possam servir para classificá-los, mesmo que as normas sociais consigam favorecer quase que exclusivamente um deles em detrimento dos outros. Há necessidade de continuar? Não se trata de descobrir que em toda sociedade existem ambiciosos, fatalistas, simuladores e frenéticos e que cada sociedade lhes oferece oportunidades desiguais de sucesso ou de satisfação: todos sabem disso. Trata-se de determinar a importância que as diversas sociedades dão à competição, ao acaso, à mímica ou ao transe.

Percebemos então o exagero de um projeto que visa simplesmente definir os mecanismos últimos das sociedades, seus postulados implícitos mais difusos e indistintos. Estes motivos fundamentais são forçosamente de uma natureza e de um alcance tão extensos que denunciar sua influência acrescentaria muito pouco à descrição fina da estrutura das sociedades estudadas. Para isso é preciso propor uma escolha nova de etiquetas e de denominações genéricas para designá-las. Contudo, caso se reconheça que a nomenclatura adotada corresponda às oposições importantes, precisamente por isso mesmo ela tende a instituir, para a classificação das sociedades, uma dicotomia tão radical quanto aquela que, por exemplo, separa os criptogramas e as fanerógamas para as plantas, os vertebrados e os invertebrados para os animais.

Entre as sociedades chamadas primitivas e aquelas que se apresentam sob o aspecto de estados complexos e evoluídos existem contrastes evidentes que não esgotam o desenvolvimento, nestas últimas, da ciência, da técnica e da indústria, o papel da administração, da jurisprudência ou dos arquivos, a teoria, a aplicação e o uso da matemática, as consequências múltiplas da vida urbana e da constituição de vastos impérios e outras tantas diferenças cujos efeitos não pesam menos nem são menos inextricáveis. Tudo leva a crer que existe entre esses dois tipos de vida coletiva um antagonismo, desta vez fundamental, de uma outra ordem, que talvez esteja na raiz de todos os outros, que os resume, alimenta e explica.

Quanto a mim, descreverei esse antagonismo da seguinte forma: as sociedades primitivas, que nomearei como as *sociedades de caos*, quer sejam australianas, americanas, africanas, são sociedades onde reinam igualmente a máscara e a possessão, isto é, a *mimicry* e o *ilinx*; ao contrário, os incas, os assírios, os chineses ou os romanos apresentam sociedades ordenadas, com administrações, carreiras, códigos e tabelas, com privilégios controlados e hierarquizados, onde o *agôn* e a *alea*, sendo aqui o mérito e o nascimento, aparecem como os elementos primeiros e, aliás, complementares do jogo social. Ao contrário das precedentes, são *sociedades de contabilidade*. Tudo se passa como se, nas primeiras, simulacro e vertigem, ou, caso se queira, pantomima e êxtase, assegurassem a intensidade e, portanto, a coesão da vida coletiva, enquanto naquelas do segundo gênero o contrato social consiste em um compromisso, em uma dedução implícita entre a *hereditariedade*, isto é, uma espécie de acaso, e a *capacidade*, que supõe comparação e competição.

b) A máscara e o transe

Um dos principais mistérios da etnografia reside certamente no emprego genérico das máscaras nas sociedades primitivas. Em toda parte uma extrema e religiosa importância está ligada a esses instrumentos de metamorfose. Aparecem na festa, interregno de vertigem, de efervescência e de fluidez, onde toda ordem que existe no mundo é passageiramente abolida para ressurgir revivificada. As máscaras, sempre fabricadas em segredo, e, após o uso, destruídas ou escondidas, transformam os oficiantes em deuses, em espíritos, em animais-ancestrais, em todos os tipos de forças sobrenaturais aterradoras e fecundantes.

Por ocasião de uma gritaria e de uma confusão sem limites, que se alimentam de si mesmas e que tiram seu valor de sua desmedida, a ação das máscaras deve supostamente revigorar, rejuvenescer, ressuscitar ao mesmo tempo a natureza e a sociedade. A irrupção destes fantasmas consiste nas potências temidas pelo homem e sobre as quais ele não tem poder. Encarna então, temporariamente, as potências aterradoras, imita seus gestos, identifica-se com elas, e tão logo alienado, entregue ao delírio, acredita ser verdadeiramente o deus cuja aparência dedicou-se a tomar usando um disfarce engenhoso ou pueril. A situação se inverte: é ele que agora causa medo, é ele a potência terrível e inumana. Bastou-lhe pôr sobre o rosto a máscara que confeccionou, vestir a roupa que costurou supostamente semelhante ao ser da sua reverência e do seu temor, produzir o estrondo inconcebível com a ajuda do instrumento secreto, o rombo, cuja existência, aspecto, manejo e função só conheceu depois de sua iniciação. Assim inofensivo, familiar, absolutamente humano, só o conhece quando o tem entre suas mãos e, por sua vez, dele se serve para aterrorizar. É a vitória do fingimento: a simulação resulta em uma possessão que, quanto a ela, não é simulada. Após o delírio e o frenesi que ela provoca, o ator emerge novamente à consciência em um estado de torpor e de esgotamento que lhe deixa apenas uma lembrança confusa e maravilhada daquilo que se passou dentro dele, sem ele.

O grupo é cúmplice dessa epilepsia, dessas convulsões sagradas. Durante a festa, a dança, a cerimônia e a mímica não passam de uma introdução. O prelúdio inaugura uma excitação que, em seguida, só faz aumentar. A vertigem substitui então o simulacro. Como diz a cabala, de tanto brincar de fantasmas, tornamo-nos um deles. Sob o risco de serem condenadas à morte, as crianças e as mulheres não devem assistir à confecção das máscaras, dos disfarces rituais e dos diversos objetos que em seguida serão utilizados para aterrorizá-las. Mas como não saberiam que ali existe somente farsa e fantasmagoria com que se dissimulam seus próprios familiares? E, no entanto, participam, pois essa é a regra social. Ademais, participam sinceramente, pois imaginam, assim como os próprios oficiantes, que estes últimos estão transformados, possuídos, à mercê das potências que os habitam. Para poder se abandonar aos espíritos que existem apenas em sua crença e para, subitamente, experimentar sua posse brutal, os intérpretes devem chamá-los, atraí-los, conduzirem-se a *si mesmos* à dissolução final que permite a insólita intrusão. Para este fim, usam mil artifícios que não lhes parecem suspeitos: jejum, drogas, hipnose, música monótona ou estridente, balbúrdia, paroxismos de ruído e de agitação; embriaguez, clamores e sobressaltos conjugados.

A festa, a dilapidação dos bens acumulados durante um longo intermédio, o desregramento tornado regra e todas as normas invertidas pela presença contagiosa das máscaras fazem da vertigem compartilhada o ponto culminante e o elo de existência coletiva. Aparece como o fundamento último de uma sociedade afinal pouco consistente. Reforça uma coerência frágil que, morna e de pouco alcance, dificilmente se manteria se não houvesse essa explosão periódica que reaproxima, reúne e faz comungar indivíduos absorvidos, o resto do tempo, por suas preocupações domésticas e por seus problemas quase exclusivamente privados. Essas preocupações cotidianas têm poucas repercussões imediatas sobre uma associação rudimentar na qual a divisão do trabalho é quase desconhecida e em que, consequentemente, cada família está acostumada a prover a sua subsistência com uma autonomia quase total. As máscaras são o verdadeiro elo social.

A irrupção desses espectros, os transes, os frenesis generalizados e a embriaguez de ter medo ou de provocar medo, ainda que encontrem na festa a ocasião em que triunfam totalmente, nem por isso estão ausentes da vida ordinária. As instituições políticas ou religiosas geralmente se apoiam no prestígio engendrado por uma fantasmagoria também perturbadora. Os iniciados sofrem severas privações, suportam duros sofrimentos, submetem-se às provações cruéis para obter o sonho, a alucinação, o espasmo em que terão a revelação de seu espírito tutelar. Recebem dele uma unção indelével. Comprovam que podem, a partir de então, contar com uma proteção que avaliam e é avaliada por todos ao seu redor como infalível, sobrenatural, que provoca no sacrílego uma paralisia incurável.

No varejo, as crenças certamente variam ao infinito. Sabemos que são incontáveis e inimagináveis. Quase todas, contudo, em graus diversos, apresentam a mesma cumplicidade surpreendente entre o simulacro e a vertigem, um conduzindo à outra. É certamente um motivo idêntico que atua sob a diversidade dos mitos e dos rituais, das lendas e das liturgias. Uma conivência monótona, por menor que seja nosso interesse, revela-se incansavelmente.

A esse respeito, os fatos reunidos sob o nome de xamanismo nos oferecem uma inesperada ilustração. Sabemos que se designa assim um fenômeno complexo, mas bem articulado e facilmente identificável, cujas manifestações mais significativas foram constatadas na Sibéria, mais geralmente no Círculo Ártico. Também é encontrado ao longo das margens do Pacífico, particularmente no noroeste americano, entre os araucanos e na Indonésia[24]. Não importam as diferenças locais, ele sempre consiste em uma crise violenta, uma perda provisória de consciência no decorrer da qual o xamã torna-se receptáculo de um ou de vários espíritos, realizando então uma viagem mágica ao outro mundo, que é por ele narrada e interpretada. De acordo com os casos, o êxtase é obtido com narcóticos, com um cogumelo alucinógeno (o agárico)[25], pelo canto e pela agi-

---

24 Para a descrição do xamanismo utilizei a obra de ELIADE, M.: *Le chamanisme et les techiniques archaïques de l'extase.* Paris, 1951, na qual se encontra uma exposição admiravelmente completa dos fatos nas diversas partes do mundo.

25 Sobre as virtudes do *Agaricus Muscarius*, em particular a macrópsia: "Com as pupilas dilatadas, o indivíduo vê todos os objetos que lhe são apresentados mons-

tação convulsiva, pelo tambor, pelo banho de vapor, pelas fumaças do incenso ou do cânhamo ou ainda pela hipnose, fixando as chamas da fogueira até o atordoamento.

Aliás, o xamã é muitas vezes escolhido por causa de suas inclinações psicopáticas. O candidato, designado ou por hereditariedade, ou temperamento, ou qualquer prodígio, leva uma vida solitária e selvagem. É bom lembrar que, entre os tungus, ele devia alimentar-se de animais que capturava com os próprios dentes. A revelação que o faz xamã ocorre após uma espécie de crise de epilepsia que, por assim dizer, o autoriza a sofrer outras e garante seu caráter sobrenatural. Essas crises se apresentam como demonstrações provocadas, em que se desencadeia, sob um comando, o que justamente foi chamado de uma "histeria profissional". Ocorre somente nas sessões, quando é obrigatória.

Durante a iniciação, os espíritos despedaçam o corpo do xamã, depois o reconstituem, nele introduzindo novos ossos e novas vísceras. O personagem logo se encontra habilitado para percorrer o além. Enquanto seus despojos jazem inanimados, visita o mundo celeste e o mundo subterrâneo. Encontra deuses e demônios. Traz desses contatos seus poderes e sua clarividência mágica. Durante as sessões, renova suas viagens. Para o *ilinx*, os transes de que é presa vão muitas vezes até a catalepsia real. Quan-

---

truosamente aumentados... Um pequeno buraco lhe parece um abismo pavoroso, e uma colher cheia de água um lago", cf. LEWIN, L. *Les Paradis artificiels*. Trad. franc. Paris, 1928, p. 150-155. Sobre os efeitos do peiote e sua utilização durante as festas e no culto dos huichols, dos coras, dos tepehuanas, dos tarahumaras e dos kiowas, no México e nos Estados Unidos, utilizaremos as descrições clássicas de Carl Lumboltz (bibliografia no ROUHIER, A. *Le peyot*. Paris, 1927).

to à *mimicry*, aparece na pantomima à qual se entrega o possuído. Imita o grito e o comportamento dos animais sobrenaturais que se encarnam nele: rasteja no chão como a serpente, ruge e corre a quatro patas como o tigre, simula um mergulho do pato ou agita seus braços como o pássaro o faz com suas asas. Sua roupa marca a transformação, pois é raro que utilize máscaras de animais, mas as penas e a cabeça da águia ou da coruja, com as quais se veste, permitem-lhe o voo mágico que o leva até o firmamento. Então, apesar de uma roupa que chega a pesar quinze quilos por causa dos ornamentos de ferro a ela costurados, salta no ar para mostrar que voa muito alto. Grita que vê uma grande parte da terra. Conta e representa as aventuras que lhe acontecem no outro mundo. Faz gestos da luta que está travando contra os maus espíritos. Sob a terra, no reino das trevas, tem tanto frio que tirita e treme. Pede um cobertor ao espírito de sua mãe, que lhe é jogado por um assistente. Outros espectadores tiram centelhas de sílex entrechocados, que produzem e *são* os raios que guiam o viajante mágico através da escuridão das regiões infernais.

Tal cooperação entre o oficiante e a assistência é constante no xamanismo. Embora não lhe seja particular. É reencontrada no vodu e em quase toda sessão extática. No mais, é quase necessária, pois é preciso proteger os espectadores contra as violências eventuais do enraivecido, protegê-lo de si mesmo contra os efeitos de seu desajeitamento, de sua inconsciência e de seu furor; ajudá-lo, enfim, a desempenhar corretamente seu papel. Entre os vedas do Ceilão existe uma espécie de xamanismo muito significativo sob este aspecto. O xamã, sempre no limite de perder a consciência, sente náuseas e vertigem. O chão parece fugir de seus pés. O oficiante mantém-se em um estado de receptividade exacerbada.

> Isso o leva, observam C.G. e Brenda Seligmann, a executar, de forma quase automática e certamente sem minuciosa deliberação, as partes tradicionais da dança, em sua ordem consagrada. Além do mais, o assistente, que segue cada movimento do dançarino e está a postos para segurá-lo caso caia, pode contribuir essencialmente, por uma sugestão consciente e inconsciente, à execução correta de figuras complicadas[26].

Tudo é representação. Tudo é também vertigem, êxtase, transes, convulsões e, para o oficiante, perda de consciência e amnésia final, pois é conveniente que ignore o que lhe aconteceu ou o que gritou no decorrer da crise. Na Sibéria, a finalidade costumeira de uma sessão de xamanismo é a cura de um doente, de cuja alma perdida, roubada ou retida o xamã parte em busca. Narra, representa as peripécias da reconquista do princípio vital sequestrado de seu proprietário. Devolve-o, enfim, triunfalmente. Outra técnica consiste em usar a sucção para extrair o mal do corpo do paciente. O xamã se aproxima e, em estado de transe, aplica seus lábios no lugar designado pelos espíritos como o foco da infecção. Logo, esta é extraída, produ-

---

26 SELIGMANN, C.G. & SELIGMANN, B. *The veddas*. Cambridge, 1911, p. 134. Apud OESTERREICH, T.K. *Les possédés*. Trad. franc. Paris, 1927, p. 310. Esta última obra contém uma notável coleção de descrições originais de manifestações conjugadas de *mimicry-ilinx*. Em seguida farei referência às de Tremearne para o Culto Bori. Convém acrescentar ao menos as de J. Warneck para os bataks de Sumatra, de W.W. Skeat para os malais da Península da Malásia, de W. Mariner para os Tonga, de Codrington para os melanésios, de J.A. Jacobson para os kwakiluts do nordeste americano. Os relatos dos observadores que T.K. Oesterreich teve a feliz inspiração de citar *in extenso* apresentam as mais convincentes analogias.

zindo subitamente uma pedrinha, um verme, um inseto, uma pena, um pedaço de fio branco ou preto que, depois de ser apresentada aos outros, é amaldiçoada, expulsa a pontapés ou enterrada em um buraco. Talvez os assistentes se deem perfeitamente conta de que o xamã toma o cuidado, antes da cura, de dissimular em sua boca o objeto que exibe em seguida, tendo fingido tirá-lo do organismo do doente. Mas o aceitam, dizendo que esses objetos servem apenas de armadilha ou de suporte para capturar e fixar o veneno. É possível, e mesmo provável, que o feiticeiro compartilhe dessa crença.

Em todo caso, credulidade e simulação aparecem, tanto aqui como em outros lugares, estranhamente conjugadas. Alguns xamãs esquimós se fazem amarrar com cordas para que viajem apenas *em espírito*, caso contrário seus corpos, pelo que contam, seriam igualmente levados pelos ares e desapareceriam para sempre. Acreditam realmente nisso, ou trata-se de uma engenhosa encenação para fazer crer? O que conta é que no fim de seu voo mágico livram-se de suas cordas instantaneamente e sem nenhum auxílio, tão misteriosamente quanto os irmãos Davenport em seu armário[27]. O fato é atestado por um etnógrafo tão esclarecido quanto Franz Boas[28]. Na mesma ordem de ideias, Bogoras registrou em seu fonógrafo as "vozes separadas" dos xamãs tchouktches que bruscamente se calam enquan-

---

27 É enriquecedor ler, a esse respeito, em Robert (HOUDIN. *Magie et physique amusante*. Paris, 1877, p. 205-264), a explicação do milagre e as reações dos especialistas e da imprensa. Existem casos em que seria importante, nas missões etnográficas, levar um prestidigitador, isto é, um homem do ramo, aos acadêmicos cuja credulidade é, infelizmente, infinita e também *interessada e enfeitiçada.*

28 BOAS, F. *The central eskimo* (VIth Annual Report of the Bureau of Ethnology, 1884-1885, Washington, 1888), p. 598ss. Apud ELIADE, M. Op. cit., p. 265.

to vozes inumanas se fazem ouvir, parecendo vir de todos os cantos da tenda, ou surgir do fundo da terra, ou chegar de muito longe. Ao mesmo tempo produzem-se diversos fenômenos de levitação e chuvas de pedras ou de pedaços de madeira[29].

Essas manifestações de ventriloquia e de ilusionismo não são raras em um campo onde se manifesta ao mesmo tempo uma acentuada tendência à metapsique e ao faquirismo: domínio do fogo (brasas ardentes conservadas na boca, ferros em brasa segurados com as mãos); ascensão, com os pés nus, por uma escada de lâminas; golpes de faca produzindo feridas que não sangram ou quase se fecham imediatamente. Pouco falta, geralmente, para a simples prestidigitação[30].

---

29 Cf. ELIADE, M. Op. cit., p. 231; a ser completada com TCHOUBINOV, G. *Beiträge zum psychologischen Verständniss des sibirischen Zaubers.* Halle, 1914, p. 59-60: "Os sons se produzem muito forte em alguma parte, pouco a pouco se aproximam, e parecem passar como um furacão através dos muros e desaparecem enfim nas profundezas da terra" (Citado e comentado por OESTERREICH, T.K. Op. cit., p. 380).

30 O ilusionismo consciente e organizado deixa-se constatar até entre os povos onde menos esperávamos – entre os negros da África, por exemplo. No Níger principalmente, tropas de especialistas se enfrentam em espécies de torneios de virtuosismo durante as cerimônias de iniciação: corta-se e recoloca-se a cabeça de um compadre (cf. VERGIAT, A.M. *Les rites secrets des primitifs de l'Oubangui.* Paris, 1936, p. 153). Da mesma forma, TALBOT, A. *Life in Southern Nigeria.* Londres, 1928, p. 72 relata um curioso truque cuja semelhança com o mito de Zagreus-Dionísio foi ressaltada por Jeanmarie: "Existem alguns feiticeiros em nossa cidade, diz o chefe Abassi de Ndiya, e os charlatães conhecem tanto as ciências ocultas que são capazes do seguinte truque: tiram uma criança de sua mãe, ela é jogada em um pilão e pilada até estar reduzida a um caldo sob os olhares de todos. Apenas a mãe é afastada para que os gritos não atrapalhem a cerimônia. Depois escolhem três homens e lhes pedem que se aproximem do pilão. Ao primeiro dão um pouco do conteúdo, ao segundo um pouco mais e o terceiro deve engolir todo o resto. Quando tudo foi comido, os três vão em direção do público: aquele que comeu mais entre os dois outros. Depois de um momento começa uma dança, ao longo da qual o dançarino do meio para bruscamente, estende a perna direita e bate nela violentamente. Então, de sua coxa, ele tira a criança ressuscitada e com ela passeia para que todo o público a veja".

Não importa, pois o essencial não é dosar as partes – decerto muito variáveis – do fingimento premeditado e do transporte real, mas constatar a estreita e até mesmo inevitável conivência da vertigem e da mímica, do êxtase e do simulacro. Essa conivência, no mais, não é de forma alguma o apanágio do xamanismo. É reencontrada, por exemplo, nos fenômenos de possessão originários da África e espalhados pelo Brasil e pelas Antilhas, conhecidos sob o nome de vodu. Aqui também as técnicas de êxtase utilizam os ritmos do tambor e a agitação contagiante. Sobressaltos e tremores indicam a saída da alma. Algumas mudanças de expressão e de voz, o suor, a perda do equilíbrio, alguns espasmos, a lividez e a rigidez cadavérica precedem uma amnésia verdadeira ou afetada.

Contudo, qualquer que seja a violência do ataque, este se desenrola inteiramente, assim como a crise do xamã, segundo uma liturgia precisa e de acordo com uma mitologia prévia. A sessão aparece como uma representação dramática. Os possuídos estão vestidos a caráter. Usam os atributos dos deuses que os habitam e imitam suas condutas características. Aquele em quem se encarna o deus camponês Zaka usa um chapéu de palha, uma sacola e um cachimbo; outro, que o deus marinho Agoué "cavalga", agita um remo; aquele que recebe a visita de Damballah, deus serpente, ondula no chão como um réptil. É uma regra geral e muito observada entre outros povos. Um dos melhores documentos sobre este aspecto da questão permanece sendo os comentários e as fotografias de Tremearne[31]

---

31 *Hausa superstitions and customs*. Londres, 1913, p. 534-540. • *The ban of the Bori*. Londres, 1919. Cf. OESTERREICH, T.K. Op. cit., p. 321-323.

para o Culto Bori, da África muçulmana, que se espalha da Tripolitana à Nigéria, meio negro, meio islâmico, e sob muitos pontos semelhante ao vodu, se não pela mitologia, pelo menos pela prática. O espírito Malam al Hadgi é um sábio peregrino. Quem é por ele possuído finge ser velho e trêmulo. Mexe os dedos como se contasse com sua mão direita as contas de um rosário. Lê um livro imaginário que segura em sua mão esquerda. É curvado, caquético, e tosse. Vestido de branco, assiste aos casamentos. Possuído por Makada, o ator está nu, vestido apenas com uma pele de macaco, cercado de lixo, e nele se esbaldando. Salta em um só pé e simula um acasalamento. Para libertá-lo do domínio do deus, colocam em sua boca uma cebola ou um tomate. Nana Ayesha Karama causa doenças nos olhos e varíola. Aquela que a representa usa roupas brancas e vermelhas e dois lenços amarrados juntos sobre sua cabeça. Bate as mãos, corre daqui para ali, senta-se no chão, coça-se, segura a cabeça em suas mãos, chora se não lhe dão açúcar, dança uma espécie de ciranda, espirra[32] e desaparece. Na África, como nas Antilhas, o público assiste o sujeito, encoraja-o, passa-lhe os acessórios tradicionais da divindade personificada enquanto o ator compõe seu papel de acordo com o seu conhecimento do caráter e da vida de seu personagem, com as lembranças conservadas das sessões às quais já assistiu. Seu delírio não lhe permite muita fantasia e iniciativa; conduz-se então como todos esperam que se conduza, como sabe que deve fazer. Alfred Métraux analisando, para o vodu, o progresso e a natureza da possessão, mostrou como, na origem, ela comporta

---

32 É o procedimento ritual para expulsar o espírito possessor.

uma vontade consciente, por parte do indivíduo, de aceitá-la, uma técnica apropriada para provocá-la e uma estilização litúrgica em seu desenrolamento. O papel da sugestão e da própria simulação é evidente, mas na maior parte do tempo estas aparecem como se viessem da impaciência do futuro possuído e como se, para ele, fossem um meio para apressar a vinda da possessão. Aumentam a aptidão para vivê-la. Provocam-na. A perda de consciência, a exaltação e o atordoamento que causam favorecem o transe verdadeiro, isto é, a irrupção do deus. A semelhança com a *mimicry* infantil é tão manifesta que o autor não hesita em concluir: "Ao observar certos procedimentos, somos tentados a compará-los a uma criança que imagina ser um índio, por exemplo, ou um animal, e que ajuda o voo de sua fantasia utilizando-se de uma peça de roupa ou de um objeto"[33]. A diferença é que aqui a *mimicry* não é um jogo: resulta na vertigem, faz parte do universo religioso e preenche uma função social.

Somos então devolvidos ao problema geral levantado pelo uso da máscara. Este se acompanha também de experiências de possessão, de comunhão com os ancestrais, com os espíritos e os deuses. Provoca em seu portador uma exaltação passageira e o faz acreditar que passa por alguma transformação decisiva. De certa forma, favorece os transbordamentos dos instintos, a invasão das forças temidas e invencíveis. É claro que, no início, o portador não é ingênuo, mas cede rapidamente à embriaguez que o transporta. Uma vez a consciência fasci-

---

33 MÉTRAUX, A. "La comédie rituelle dans la possession". *Diogène*, n. 11, jul./1955, p. 26-49.

nada, abandona-se por completo ao transtorno desperta-do por sua própria mímica.

> O indivíduo não se reconhece mais, escreve Georges Buraud. Um grito monstruoso sai de sua garganta, o grito do animal ou do deus, clamor sobre-humano, emanação pura da força de combate, da paixão gene-síaca, dos poderes mágicos sem limites de que se crê, de que está, naquele instante, habitado[34].

E cabe ainda mencionar a expectativa entusiasmada pelas máscaras no breve crepúsculo africano, o batimen-to hipnótico do tambor, e depois a invasão furiosa dos fantasmas, seus gigantescos passos quando, montados em suas pernas de pau, correm por cima da relva, em um bur-burinho aterrador de sons insólitos: assobios, estertores e estrondos dos rombos.

Não há apenas uma vertigem nascida de uma participa-ção cega, excessiva e sem objetivo nas energias cósmicas, uma epifania fulgurante de divindades bestiais que logo retornam para suas trevas. Há também a embriaguez sim-ples de espalhar o terror e a angústia. E, sobretudo, essas aparições do além agem como primeira engrenagem de um governo: a máscara é institucional. Observou-se que entre os dogons, por exemplo, existe uma verdadeira cultura da máscara que impregna o conjunto da vida pública do gru-po. Por outro lado, é nas sociedades de homens iniciados e de máscaras distintivas que convém buscar, nesse nível ele-mentar da existência coletiva, os inícios ainda fluidos do poder político. A máscara é o instrumento das confrarias secretas. Serve tanto para inspirar o terror nos profanos quanto para dissimular a identidade dos membros.

---

34 BURAUD, G. *Les masques.* Paris, 1948, p. 101-102.

A iniciação e os ritos de passagem da puberdade geralmente consistem em revelar aos noviços a natureza puramente humana das máscaras. Sob este ponto de vista, a iniciação é um ensinamento ateu, agnóstico, negativo. Revela e acumplicia em um embuste. Até então, os adolescentes eram aterrorizados pelas aparições das máscaras. Uma delas os persegue com chicotadas. Excitados pelo iniciador, agarram, dominam, desarmam, rasgam sua roupa, retiram sua máscara e reconhecem um ancião da tribo. Doravante, pertencem ao outro campo[35]. Provocam medo. Pintados de branco e mascarados, encarnando os espíritos dos mortos, são eles agora que assustam os não iniciados, maltratam e despojam aqueles que são ou que julgam infratores. Muitas vezes criam confrarias meio secretas ou então passam por uma segunda iniciação para se tornarem membros. Assim como a primeira, esta é acompanhada de sevícias, de provações dolorosas, às vezes de uma catalepsia real ou fingida, de um simulacro de morte e de ressurreição. Ainda como a primeira, ensina que os pretensos espíritos não passam de homens fantasiados e que suas vozes cavernosas saem de rombos particularmente potentes. Como a primeira, enfim, concede o privilégio de exercer todos os tipos de escárnios sobre a multidão profana. Toda sociedade secreta possui seu fetiche distintivo e sua máscara protetora. Cada membro de uma confraria inferior crê que a máscara guardiã da sociedade superior é um ser sobrenatural, embora conheça muito bem a natureza daquela que prote-

---

35 O mecanismo da mudança é admiravelmente descrito por JEANMARIE, H. *Couroi et courêtes.* Lille, 1939, p. 172-223. Reproduzo no Dossiê, p. 289-291, a descrição que ele oferece dos bobos do Alto Volta.

ge a sua[36]. Entre os *bechuanas*, um bando desse gênero se chama *motapo* ou mistério, o mesmo nome da cabana de iniciação. Agrupa uma juventude turbulenta, liberta das crenças vulgares e dos temores comumente compartilhados. As ações ameaçadoras e brutais dos membros visam reforçar o terror supersticioso dos incautos. Dessa forma, a aliança vertiginosa entre o simulacro e o transe às vezes se transforma em uma mistura perfeitamente consciente de embuste e de intimidação. É nesse momento que tal aliança origina um gênero particular de poder político[37].

Certamente essas associações conhecem destinos diferentes. Pode ser que se especializem na celebração de um rito mágico, dança ou mistério, mas também as vemos encarregadas da repressão dos adultérios, dos furtos, da magia negra e dos envenenamentos. Em Serra Leoa existe uma sociedade de guerreiros[38], composta de unidades locais, que julga e manda executar as sentenças. Organiza expedições de vingança contra os vilarejos rebeldes. Intervém para manter a paz e impedir as desforras. Entre os bam-

---

36 Cf. HIMMELHEBER, H. *Brousse*. Léopoldville, n. 3, 1939, p. 17-31.

37 Cf. FROBENIUS, L. *Die Geheimbünde u. Masken Afrikas* (Abhandl. d.k. Naturforscher, t. 74, Halle, 1898). • WEBSTER, H. *Primitive secret societies*. Nova York, 1908. • SCHWARTZ, H. *Alterclassen und Männerbünde*. Berlim, 1902. Com certeza convém distinguir em princípio a iniciação tribal dos jovens e os ritos de agregação às sociedades secretas geralmente intertribais. Mas, quando a confraria é poderosa, consegue englobar quase todos os adultos de uma comunidade, de forma que os dois rituais de iniciação acabem por se confundir (JEANMARIE, H. Op. cit., p. 207-209). O mesmo autor (p. 168-171) descreve, segundo Frobenius, como entre os Bosso, pescadores e agricultores do Níger, no sudoeste de Tombuctu, a sociedade de máscara Kumang exerce o poder supremo de maneira às vezes implacável, secreta e institucional. Jeanmarie aproxima a cerimônia principal do Kumang ao julgamento dos dez reis de Atlântida em Platão, *Critias* 120 B, após a captura e o sacrifício de um touro ligado a um pilar de bronze. Reproduzo esta descrição no Dossiê, p. 291-293.

38 O *poro* dos temme. Cf. JEANMARIE. Op. cit., p. 219.

baras, o *komo*, "que tudo sabe e tudo castiga", espécie de prefiguração africana do Ku Klux Klan, faz reinar um terror constante. As confrarias de homens mascarados mantêm assim a disciplina social, de forma que não é exagero afirmar que vertigem e simulacro, ou pelo menos seus derivados imediatos, mímica aterradora e pavor supersticioso, aparecem mais uma vez não como elementos adventícios da cultura primitiva, mas verdadeiramente como os motivos fundamentais que podem servir para explicar melhor seu mecanismo. Como compreender então que a máscara e o pânico estejam, como já vimos, constantemente presentes, *e presentes em uníssono*, unidos inextricavelmente e ocupando um lugar central ou nas festas, paroxismos dessas sociedades, ou em suas práticas mágico-religiosas ou nas formas ainda indecisas de seu aparelho político, quando não cumprem uma função importante nestes três domínios ao mesmo tempo?

Já é o bastante para pretender que a passagem à civilização propriamente dita implica a eliminação progressiva desta supremacia da combinação do *ilinx* e da *mimicry* e sua substituição pela preeminência, nas relações sociais, do par *agôn-alea*, competição e sorte? Seja como for, causa ou consequência, sempre que uma alta cultura consegue emergir do caos original constata-se uma sensível regressão das potências de vertigem e de simulacro. Encontram-se então despossuídas de sua antiga preponderância, relegadas à periferia da vida pública, reduzidas aos papéis cada vez mais modestos e intermitentes – e mesmo clandestinos e culpados – ou ainda confinadas ao campo limitado e regrado dos jogos e da ficção, onde trazem aos homens as mesmas eternas satisfações, mas domadas e servindo apenas como distração ao seu tédio, ou como descanso ao seu trabalho, mas desta vez sem demência nem delírio.

VIII

Competição e acaso

O uso da máscara permite, nas sociedades de caos, encarnar (e se sentir encarnando) as forças e os espíritos, as energias e os deuses. Caracteriza um tipo original de cultura, fundado, como já vimos, na poderosa aliança da pantomima e do êxtase. Muito comum em todo o planeta, aparece como uma falsa solução, obrigatória e fascinante, antes do lento, doloroso e paciente avanço decisivo. A saída desta armadilha não é nada mais do que o próprio nascimento da civilização.

*

É certo que uma revolução de tal envergadura não se realiza do dia para a noite. Além disso, como sempre se situa necessariamente nos séculos intermediários que abrem a uma cultura o acesso à história, somente as últimas fases nos são acessíveis. Os documentos mais antigos que testemunham esse fato não podem mais atestar as primeiras escolhas que, obscuras, talvez fortuitas, sem alcance imediato, nem assim deixam de ser aquelas que engajaram os raros povos em uma aventura decisiva. Todavia, a diferença entre seu estado inicial – que é preciso imaginar de acordo com o modo de vida geral do homem primitivo – e o ponto de chegada – que seus monumentos permitem reconstituir – não é o único argumento correto para convencer que sua promoção só se tornou possível por uma longa luta contra os prestígios associados do simulacro e da vertigem.

Da virulência anterior destes últimos restam muito traços. Do próprio combate subsistem por vezes indícios reveladores. Os vapores inebriantes do cânhamo eram utilizados pelos citas e pelos iranianos para provocar o êxtase. Por isso não surpreende quando o *Yasht* 19-20 afirma que Ahura Mazda está "sem transe, nem cânhamo". Da mesma forma, a crença no voo mágico foi mil vezes constatada na Índia, mas o importante é a existência de uma passagem do *Mahabarata* (v. 160, 55ss.) que afirma: "Também nós podemos voar aos céus e nos manifestar sob diversas formas, mas *por ilusão*". Assim, a verdadeira ascensão mística mostra-se nitidamente diferenciada dos passeios celestes e das pretensas metamorfoses dos mágicos. Sabemos tudo o que a ascese e sobretudo as fórmulas e as metáforas da Ioga devem às técnicas e à mitologia dos xamãs, pois a analogia é tão estreita e contínua que muitas vezes leva a crer em uma filiação direta. No entanto, não se pode negar que a Ioga, como todos apontam, é uma interiorização, uma transposição para o plano espiritual dos poderes do êxtase. Não se pode negar também que não se trata mais da conquista ilusória dos espaços do mundo, mas de se libertar da ilusão que o mundo constitui. Há, sobretudo, uma inversão total do sentido do esforço. O objetivo, doravante, não é o de levar a consciência ao pânico, tornando-se assim presa complacente de toda descarga nervosa; ao contrário, é um exercício metódico, uma escola de autocontrole.

No Tibete, na China, foram vários os traços deixados pelas experiências dos xamãs. Os lamas dão ordens à atmosfera, elevam-se ao céu, executam danças mágicas, recobertos com os "sete paramentos de ossos", usam uma linguagem ininteligível e alimentada de onomatopeias. Taoistas e alquimistas, como Liu-Na e Li Chao Kun, voam nos ares. Outros alcançam as portas do céu, afastam os cometas ou escalam o arco-íris. Mas essa terrível herança não conseguiu impedir o desenvolvimento da reflexão crítica. Wang Ch'ung denuncia o caráter mentiroso das palavras que os mortos emitem pela boca daqueles vivos que eles fizeram entrar em transe ou pela dos feiticeiros que os evocam ao "pinçar suas cordas pretas". Desde a Antiguidade o *Kwoh Yû* narra que o Rei Chao (515-488 a.C.) interroga seu ministro com as seguintes palavras: "As escrituras da dinastia Tcheou afirmam que Tchoung-Li foi enviado como mensageiro às regiões inacessíveis do céu e da terra. Como isso foi possível? Existe alguma possibilidade de os homens subirem ao céu?" O ministro explica-lhe então a significação espiritual do fenômeno. O justo, aquele que sabe se concentrar, atinge um modo superior de conhecimento. Acede às altas esferas e desce às esferas inferiores para nelas distinguir "a conduta a ser observada, as coisas a serem cumpridas". Como funcionário, diz o texto, ele é então encarregado de velar pelo privilégio dos deuses, pelas vítimas, pelos acessórios, pelos costumes litúrgicos que convêm segundo as estações[39].

O xamã, o homem de possessão, de vertigem e de êxtase transformado em funcionário, em mandarim, em mestre de cerimônias, preocupado com o protocolo e com a repartição correta das honras e privilégios. Que bela e talvez excessiva e caricatural ilustração da revolução realizada!

a) Transição

Se existem apenas referências isoladas que indicam como na Índia, no Irã e na China as técnicas da vertigem evoluíram para o controle e o método, há documentos mais variados e mais explícitos que, aliás, permitem acompanhar de mais perto as diferentes etapas da metamorfose capital. Assim, no mundo indo-europeu, o contraste entre os dois sistemas permaneceu por muito tempo perceptível na oposição entre as duas formas de soberania que os trabalhos de G. Dumézil revelaram. De um lado, o Legislador, deus soberano presidindo ao respeito do contrato, exato, ponderado, meticuloso, conservador, fiador severo e mecânico da norma, do direito, da regularidade, cuja ação está ligada às formas necessariamente leais e convencionais do *agôn*, seja na liça, em combate singular com armas iguais, seja no pretório, pela aplicação imparcial da lei; de outro, o Frenético, também deus soberano, mas inspirado e terrível, imprevisível e paralisante, extático, feiticeiro poderoso, mestre em encantamentos e em metamorfoses, frequentemente chefe e respondendo por uma tropa de máscaras desenfreadas.

---

39 Textos de Mircea Eliade: *Le chammanisme et les techiniques archaïques de l'extase*, p. 359, 368, 383, 387, 396-397, no qual as estações são utilizadas em sentido contrário para assegurar o valor das experiências xamanísticas.

Entre esses dois aspectos do poder, a administração e o fulgurante, a competição parece ter se prolongado e ainda não ter passado pelas mesmas vicissitudes. No mundo germânico, por exemplo, há muito tempo o deus vertiginoso mantém a preferência. Odin, cujo nome, para Adam de Brême, é o equivalente de "furor", permanece, no essencial de sua mitologia, um perfeito xamã. Possui um cavalo de oito patas, que até na Sibéria é considerado justamente como uma montaria de xamã. Transforma-se em todos os animais, transporta-se instantaneamente para todos os lugares, é informado por dois corvos sobrenaturais, Huginn e Muninn. Permanece nove dias e nove noites suspenso a uma árvore para lhe retirar o conhecimento de uma língua secreta e constrangedora: as runas. Institui a necromancia, interroga a cabeça mumificada de Mimir. Além disso, pratica (no que, aliás, é recriminado) a *seidhr*, que é pura sessão de xamanismo, com música alucinante, vestimenta ritual (manto azul, gorro de cordeiro preto, peles de gatos brancos, bastão, almofada de penas de galinhas), viagens ao outro mundo, coro de auxiliares servis, transes, êxtase e profecia. Do mesmo modo, os *berserkers*, que se transformam em feras, ligam-se diretamente às sociedades de máscaras[40].

Ao contrário, na Grécia antiga, se o ponto de partida é o mesmo, a rapidez e a nitidez da evolução, admiravelmente perceptível graças à relativa abundância dos documentos, destacam um êxito de uma amplitude e de uma ime-

---

40 DUMÉZIL, G. *Mitra-Varuna* (Essai sur deux représentations indo-européennes de la Souveraineté). 2. ed. Paris, 1948, sobretudo cap. II, p. 38-54. Um ensino paralelo se destaca de *Aspects de la fonction guerrière chez les Indo-Européens.* Paris, 1956. • WIKANDER, S. *Der arische Männerbund.* Lund, 1938. • ELIADE, M. Op. cit., p. 338, 342, 348. Sobre uma ressurgência no século XIX do poder de tipo carismático (Adolf Hitler), cf. CAILLOIS, R. *Instincts et société.* Paris, 1964, cap. VII, p. 152-180.

diatez que a fizeram ser qualificada de milagre. Todavia, é preciso lembrar que esta palavra (milagre) só adquire um significado aceitável caso mantenhamos presente no espírito que os resultados obtidos, isto é, as cerimônias e os templos, o gosto da ordem, da harmonia, da medida, a ideia da lógica e da ciência, destacando-se de um pano de fundo lendário obcecado por confrarias mágicas de dançarinos e de ferreiros, ciclopes e curetes, cabírias, dátilos ou coribantos, bandos turbulentos de máscaras aterradoras meio deuses, meio animais, em quem, como com os centauros, há muito se reconheceu o equivalente das sociedades iniciáticas africanas. Os efebos espartanos são dados à licantropia, bem como os homens-pantera e os homens-tigre da África Equatorial[41].

Durante a cripteia, quer cacem ou não nas ilhotas, certamente levam uma vida de isolamento e de emboscadas. Não devem ser vistos nem surpreendidos. Não se trata em nenhum nível de uma espécie de preparação militar, pois tal treinamento não se harmoniza com o modo de combate dos hoplitas. O rapaz vive como lobo e ataca como um lobo: solitário, de improviso, com um salto de besta selvagem. Rouba e mata impunemente enquanto suas vítimas não conseguirem pegá-lo. A provação comporta os perigos e as vantagens de uma iniciação. O neófito conquista o poder e o direito de se conduzir como lobo; é engolido por um lobo e renasce como lobo; corre o risco de ser despedaçado pelos lobos e se qualifica para despedaçar os homens.

---

41 JEANMARIE, H. *Couroi et courêtes*. Lille, 1939, reuniu sobre este ponto um dossiê impressionante, do qual tomei os fatos aqui citados. Os textos essenciais desta obra são encontrados nas p. 540-568 para a licantropia em Esparta, p. 569-588 para Licurgo e os cultos arcadianos.

No Monte Liceu, na Arcádia, onde Zeus é o patrono de uma confraria de licantropos, aquele que comer a carne de uma criança, misturada às outras carnes, tornar-se-á lobo, ou, então, o iniciado que atravessar um lago a nado será lobo por nove anos no lugar deserto onde abordar. Licurgo da Arcádia, cujo nome significa "Aquele que faz o lobo", persegue o jovem Dionísio. Ameaça-o com um objeto misterioso. Surgem rugidos apavorantes e o som de um "tambor subterrâneo, de um trovão extremamente angustiante", diz Estrabão. Não é difícil reconhecer o som aterrador do rombo, instrumento universal das máscaras.

Razões não faltam para ligar o Licurgo espartano ao Licurgo arcadiano; entre os séculos VI e IV, a aparição sobrenatural que provocava o pânico torna-se o legislador por excelência: o feiticeiro que presidia à iniciação transforma-se em pedagogo. Da mesma maneira, os homens-lobo da Lacedemônia não são mais animais selvagens possuídos pelo deus, vivendo uma vida feroz e inumana na época de sua puberdade. Constituem doravante uma espécie de polícia política, encarregada de expedições punitivas para manter no temor e na obediência os povos submetidos.

A antiga crise extática é friamente utilizada para fins de repressão e de intimidação. Metamorfose e transes são apenas lembranças. A cripteia certamente permanece oculta, mas nem por isso deixa de ser uma das engrenagens regulares de uma república militar cujas instituições rígidas combinam sabiamente democracia e despotismo. A minoria dos conquistadores, que quanto a ela já adotou leis de uma outra ordem, continua usando velhas receitas em relação à multidão subjugada.

A evolução é surpreendente e significativa e ilustra somente um caso particular. Ao mesmo tempo, em quase toda a Grécia, os cultos orgiásticos ainda recorrem à dança, ao ritmo e à embriaguez para provocar o êxtase em seus adeptos. Mas essas vertigens e esses simulacros estão vencidos. Há muito não são mais os valores centrais da cidade. Perpetuam uma Antiguidade longínqua. Não passam de lembranças das descidas aos infernos e de expedições celestes efetuadas em espírito, enquanto o corpo do viajante permanecia inanimado em seu leito. A alma de Aristeas de Proconeso foi "capturada" pelo deus e acompanha Apolo sob a forma de um corvo. Hermótimo de Clazômenas podia abandonar seu corpo por anos, ao longo dos quais ia se abastecer de conhecimento do futuro. O jejum e o êxtase conferiram a Epimênida de Creta, na caverna divina do Monte Ida, uma cota de poderes mágicos. Abaris, profeta e curandeiro, percorria os ares cavalgando uma flecha de ouro. Porém, os mais tenazes, os mais desenvolvidos desses relatos já manifestam uma orientação inversa de seu sentido primitivo. Orfeu não traz de volta do mundo subterrâneo a esposa morta que fora buscar. Começam a saber que a morte não perdoa e que não existe magia que possa vencê-la. Em Platão, a viagem extática de Er, o panfiliense, não é mais uma odisseia de xamã, fértil em peripécias dramáticas, mas a alegoria à qual recorre um filósofo para expor as leis do cosmo e do destino.

*

O desaparecimento da máscara, de um lado, como meio da metamorfose que conduz ao êxtase e, de outro, como instrumento de poder político, também aparece lento, desigual, difícil. A máscara era o signo por excelência da superioridade. Nas sociedades de máscaras, a questão é estar mascarado e provocar medo ou não estar e sentir medo. Já em uma organização mais complexa a questão é a obrigação de temer uns e o poder de aterrorizar os outros, segundo o grau de iniciação. Passar a um grau superior significa estar instruído no mistério de uma máscara mais secreta. Significa aprender que a aterradora aparição sobrenatural não é ela mesma, mas um homem disfarçado, assim como ele mascara a si mesmo para aterrorizar os leigos ou os iniciados de nível inferior.

A decadência da máscara certamente constitui um problema. Como e por que os homens foram levados a renunciar a ela? A questão não parece ter preocupado os etnógrafos. É, no entanto, de uma importância extrema. Apresento a seguinte hipótese. Ela de forma alguma exclui; recorre, pelo contrário, à existência de progressões múltiplas, diversas, incompatíveis, que correspondem a cada cultura e situação particulares. Mas lhes propõe a motivação comum. O sistema da iniciação e da máscara só funciona se houver coincidência precisa e constante entre a revelação do segredo da máscara e o direito de também usá-la para aceder ao transe divinizante e para aterrorizar os noviços. Conhecimento e emprego também estão estreitamente ligados, pois só aquele que conhece a verdadeira natureza da máscara e do mascarado pode revestir a aparência formidável. Sobretudo, não é possível submeter-se a sua ascendência, ou pelo menos submeter-se no mesmo registro, com a mesma emoção de pânico sagrado, quando já se sabe que não passa de um simples disfarce. Mas, praticamente, não é possível ignorá-lo, em todo caso ignorá-lo por muito tempo. Razão de uma fissura permanente no sistema, o qual deve ser defendido contra a curiosidade dos profanos por toda uma série de proibições e castigos, estes bem mais reais: a morte, pois só ela é eficaz contra um segredo descoberto. A consequência é que, apesar da prova íntima trazida pelo êxtase e a possessão, o mecanismo permanece frágil. É preciso protegê-lo a todo momento contra as descobertas fortuitas, as questões indiscretas, as hipóteses ou as explicações sacrílegas. É inevitável que pouco a pouco a confecção e o uso da máscara ou do disfarce, sem no entanto perder seu caráter sagrado, não sejam mais protegidos por interdições capitais. Então, por transformações insensíveis, tornam-se ornamentos litúrgicos, acessórios de cerimônia, de dança ou de teatro.

Talvez a última tentativa de dominação política pela máscara seja a de Hakim al-Moqannâ, o profeta oculto do Khorassan, que no século VIII, durante os anos 160 a 163 da Hégira, derrotou constantemente os exércitos do califa. Usava sobre o rosto um véu de cor verde ou, segundo alguns, mandara fazer uma máscara de ouro que não abandonava jamais. Pretendia-se deus e afirmava que cobria seu rosto porque nenhum mortal poderia vê-lo sem ficar cego. Mas essas pretensões foram duramente discutidas por seus adversários. Os cronistas – é verdade, todos hagiógrafos dos califas – escrevem que agia assim porque era careca, vesgo e de uma feiura repugnante. Seus discípulos o incitaram a provar que dizia a verdade e exigiram ver seu rosto. Mostrou-lhes. Uns foram efetivamente queimados e outros se convenceram. Mas a história oficial explica o milagre, descobre (ou inventa) o estratagema. Eis o relato do episódio assim como se encontra em uma das fontes mais antigas, a *Descrição topográfica e histórica de Bucara*, por Abou-Bak Mohammad ibn Dja' far Narshakhî, finalizada em 332[42]:

> Cinquenta mil soldados de Moqannâ se reuniram na porta do castelo, prosternaram-se e exigiram vê-lo. Mas não receberam nenhuma resposta. Insistiram e imploraram, dizendo que não arredariam dali enquanto não tivessem visto o rosto de seu deus. Moqannâ tinha um serviçal chamado Hadjeb. Disse-lhe: "Vá dizer às minhas criaturas: Moisés pediu-me que o deixasse ver meu rosto; mas não aceitei me apresentar diante dele, pois não poderia ter suportado minha visão – e se alguém me ver, morrerá no mesmo instante". Mas os soldados imploraram ainda mais. Moqannâ lhes disse então: "Venham tal dia e lhes mostrarei meu rosto".
>
> Mas, às mulheres que com ele estavam no castelo (eram cem e a maioria filhas de camponeses de Soghd, de Kesh e de Nakshab, que mantinha consigo no castelo, e ali perto dele só estavam estas cem mulheres e o serviçal particular chamado Hadjeb) ordenou que cada uma pegasse um espelho e fosse para o telhado do castelo. [Ensinou-lhes] a segurar o espelho de forma que umas ficassem de frente para as outras e os espelhos ficassem uns diante dos outros – e isso no momento em que os raios do sol batem [mais intensamente]... E os homens estavam reunidos. Quando o sol se refletiu sobre os espelhos, todos os arredores desse lugar, pelo efeito dessa reflexão, foram submersos na luz. Disse então ao seu servidor: "Diga às minhas criaturas: eis que vosso deus se apresenta a vós. Contemplai-o! Contemplai-o!" Os homens, vendo a praça submersa na luz, ficaram assustados. Prosternaram-se.

---

42 Reproduzo a tradução literal que M. Achena gentilmente fez de uma redação persa resumida da obra de Narshaknî (escrita em 574 da Hégira). Na tese de Gholam Hossein Sadighi: *Les mouvements religieux iraniens aux IIe e IIIe siècles de l'Hégire*. Paris, 1938, figura a recensão exaustiva e crítica das fontes relativas a Hakim (p. 163-186).

Como Empédocles, Hakim, ao se ver vencido, quis desaparecer sem deixar rastro, para que acreditassem que havia subido ao céu. Envenenou suas cem mulheres, decapitou seu serviçal e se lançou nu em um fosso cheio de cal viva (ou em uma caldeira de mercúrio, ou em uma cuba de vitríolo, ou em um forno onde se fundia cobre ou piche, ou açúcar). Mais uma vez, os cronistas denunciam a astúcia. Ainda que sempre eficaz (os seguidores de Hakim acreditaram em sua divindade, não em sua morte, e o Khorassan só encontrou a paz muito tempo depois), o reino da máscara aparece doravante como o da impostura e da brincadeira. Já está vencido.

*

O reino da *mimicry* e do *ilinx*, como tendências culturais reconhecidas, honradas e dominantes, está na verdade condenado a partir do momento em que o espírito chega à concepção do cosmos, isto é, de um universo ordenado e estável, sem milagre nem metamorfose. Tal universo aparece como o campo da regularidade, da necessidade, da medida, ou seja, do número. Mesmo em pontos muito precisos, na Grécia a revolução é perceptível. Assim, os primeiros pitagóricos ainda usavam números concretos. Concebiam-nos como tendo forma e figura. Uns números eram triangulares, outros quadrados, outros ainda oblongos; isto é, estavam representados por triângulos, quadrados e retângulos. Assemelhavam-se, certamente, aos grupos de pontos dos dados e dos dominós mais do que às cifras, que são sinais sem outra significação que eles mesmos. Além do mais, constituíam sequências regidas pelas relações dos três acordes musicais essenciais. Eram, enfim, dotados de virtudes distintas, correspondendo ao casamento (o 3), à justiça (o 4), à ocasião (o 7) ou a qualquer outro conceito ou suporte que a tradição ou o arbitrário lhes atribuíssem. Todavia, desta numeração em parte qualitativa, mas que atrai a atenção sobre as propriedades notáveis de certas progressões privilegiadas, surge rapidamente a série abstrata, a qual exclui a aritmosofia, que força ao cálculo puro e pode assim servir de ferramenta à ciência[43].

O número e a medida, o espírito de precisão que propagam, se são incompatíveis com os espasmos e os paroxismos do êxtase e do disfarce, permitem, em contrapartida, a expansão do *agôn* e da *alea* como regras do jogo social. Ao mesmo tempo em que a Grécia se afasta das sociedades de máscaras, substitui o frenesi das antigas festas pela serenidade das procissões, fixa em Delfo um protocolo até para o delírio profético, fornece valor de instituição à competição regrada e mesmo ao sorteio. Ou seja, pela fundação dos grandes jogos (olímpicos, ístmicos, píticos e nemeus) e, muitas vezes, pela maneira como são escolhidos os magistrados das cidades, a composição do *agôn* com a *alea* assume na vida pública o lugar privilegiado ocupado pelo par *mimicry-ilinx* nas sociedades de caos.

Os jogos do estádio inventam e oferecem como exemplo uma rivalidade limitada, regrada e especializada. Despojada de qualquer sentimento de ódio e de rancor pessoais, esta nova espécie de emulação inaugura uma escola de lealdade e de generosidade. Difunde ao mesmo tempo o hábito e o respeito pela arbitragem. Seu papel civilizador foi muitas vezes ressaltado. De fato, os jogos solenes aparecem em quase

---

43 BRÉHIER, E. *Histoire de la philosophie*. T. I, fasc. I, 5. ed. Paris, 1948, p. 52-54.

todas as grandes civilizações. Os jogos de bola dos astecas constituem festas rituais, às quais assistem o soberano e sua corte. Na China, os concursos de arco e flecha habilitavam e qualificavam os nobres, menos pelos resultados do que pela maneira correta de retirar a flecha ou de reconfortar o adversário infeliz. No Ocidente cristão, os torneios desempenham a mesma função: ensinam que o ideal não é a vitória sobre qualquer um por qualquer meio, mas a proeza alcançada com igualdade de oportunidades sobre um concorrente que é estimado e ajudado, se necessário, usando apenas os meios permitidos porque previamente acertados, em um local e em um prazo determinados.

O desenvolvimento da vida administrativa não favorece menos a existência do *agôn*. Cada vez mais o recrutamento dos funcionários é efetuado com concursos e exames. Trata-se de reunir os mais aptos e os mais competentes para introduzi-los em alguma hierarquia ou mandarinato, *cursus honorum* ou *tchin*, em que a promoção é submetida a certas normas fixas e controlada, tanto quanto possível, por jurisdições autônomas. A burocracia é assim um fator de uma espécie de competição que coloca o *agôn* no princípio de toda carreira administrativa, militar, universitária ou judiciária. Ela o faz penetrar nas instituições, timidamente primeiro, e só para as funções modestas. As outras continuarão sendo dependentes do arbítrio do príncipe ou dos privilégios do nascimento ou da fortuna. Às vezes, teoricamente, o acesso pode ser regrado por concurso. Mas, graças à natureza das provas ou à composição dos júris, os graus mais elevados do exército, os postos importantes da diplomacia ou da administração muitas vezes permanecem o monopólio de uma casta maldefinida, mas cujo espírito de corpo permanece cioso e a solidariedade vigilante. Contudo, os progressos da democracia são precisamente aqueles da justa competição, da igualdade dos direitos, e depois da igualdade relativa das condições, que permite traduzir de fato, de maneira substancial, uma igualdade jurídica por vezes permanecida mais abstrata que eficaz.

*

Aliás, na Grécia antiga, os primeiros teóricos da democracia resolveram a dificuldade de uma forma aparentemente inédita, mas que parece impecável, desde que façamos um esforço para considerar o problema em sua originalidade. Consideravam, de fato, o sorteio dos magistrados como o procedimento igualitário absoluto. Avaliavam as eleições como uma espécie de subterfúgio ou de quebra-galho de inspiração aristocrática.

Aristóteles, principalmente, raciocina desse modo. Suas teses são, aliás, conformes à prática comumente admitida. Em Atenas, quase todos os magistrados são sorteados, exceção feita aos generais e aos funcionários das finanças, isto é, aos técnicos. Os membros do conselho são sorteados, após exame probatório, entre os candidatos apresentados pelos demos. Em contrapartida, os delegados na liga beócia são eleitos. A razão é clara. As eleições tornam-se a melhor opção assim que a extensão do território envolvido ou o grande número de participantes exigem um regime representativo. Nem por isso o veredito do sorteio, expresso pela fava branca, deixa de ser considerado como o sistema igualitário por excelência. O que se observa, ao mesmo tempo, é uma precaução, neste caso dificilmente substituível, contra as intrigas e as manobras dos oligarcas ou das "conjurações". Em seus primórdios, a democracia hesita assim, de maneira muito instrutiva, entre o *agôn* e a *alea*, ou seja, duas formas opostas da justiça.

Essa inesperada competição revela a profunda relação que existe entre os dois princípios. Demonstra que trazem soluções inversas, mas complementares, a um problema único: o da igualdade de todos no início, quer diante do destino, caso renunciem a fazer qualquer uso de suas capacidades naturais e concordem com uma atitude rigorosamente passiva, quer em relação às condições do concurso, caso lhes peçam, ao contrário, para mobilizar ao extremo seus recursos para fornecer uma prova incontestável de sua excelência.

De fato, o espírito de competição acabou triunfando. A boa regra política consiste em garantir a cada candidato as mesmas possibilidades legais para disputar os sufrágios dos eleitores. De um modo mais geral, uma certa concepção da democracia, que não é a menos difundida, nem pode ser a menos razoável, tende a considerar toda luta dos partidos como uma espécie de rivalidade esportiva, que deveria apresentar a maior parte das características dos combates do estádio, da liça ou do ringue: desafio limitado, respeito pelo adversário e pelas decisões do árbitro, lealdade, colaboração sincera entre os rivais uma vez dado o veredito.

Ampliando ainda mais o quadro da descrição, percebemos que a totalidade da vida coletiva, e não apenas seu aspecto institucional, a partir do momento em que a *mimicry* e o *ilinx* foram expulsos, apoia-se em um equilíbrio precário e infinitamente variável entre o *agôn* e a *alea*, isto é, entre o mérito e a sorte.

b) O mérito e a sorte

Os gregos, que ainda não têm palavras para designar a pessoa e a consciência[44], fundamentos da nova ordem, continuam, em contrapartida, a dispor de um conjunto de conceitos precisos para designar a fortuna (*tyché*), a parte dada a cada um pelo destino (*moira*) e o momento favorável (*kairos*), isto é, a ocasião em que, estando inscrita na ordem imutável e irreversível das coisas, e justamente porque dela é parte, não se repete. O nascimento constitui, então, uma espécie de bilhete de uma loteria universal, obrigatória, que para cada um atribui uma quantidade de dons e de privilégios. Destes últimos, uns são inatos, outros sociais. Às vezes, esse tipo de concepção é mais explícito, mas, em todo caso, é mais difundido do que se pensa. Entre os índios da América Central, embora cristianizados há séculos, admite-se que cada um nasce com uma *suerte* pessoal. Esta determina o caráter de cada indivíduo, seus talentos, suas fraquezas, sua posição social, sua profissão, enfim, sua sorte, isto é, sua predestinação ao sucesso e ao fracasso, sua aptidão para aproveitar a ocasião. Não sendo possível, portanto, qualquer ambição, nem concebível qualquer competição. Cada um nasce e se torna o que o destino prescreveu[45]. O *agôn* – a vontade de triunfar – é normalmente um contrapeso a tal excesso de fatalismo.

Sob um certo ponto de vista, a diversidade infinita dos regimes políticos sustenta-se na preferência que dão a uma ou a outra destas duas ordens de superioridade que atuam em sentido inverso. Cabe-lhes escolher entre a herança,

---

44 MAUSS, M. "Une catégorie de l'esprit humain: la notion de personne, celle de moi". *Journal of the Royal Anthropological Institute*, v. LXVIII, jul.-dez./1938, p. 268-281.

45 MENDELSON, M. "Le roi, le traître et la croix". *Diogène*, n. 21, inverno/1938, p. 6.

que é loteria, e o mérito, que é competição. Alguns se esforçam para perpetuar ao máximo as desigualdades de início por meio de um sistema de castas ou de classes fechadas, de empregos reservados, de cargos hereditários. Outros se dedicam, ao contrário, a acelerar a circulação das elites, isto é, a reduzir o alcance da *alea* original para aumentar ainda mais o lugar ocupado por um modo de rivalidade cada vez mais estritamente codificado.

Nem um nem outro desses regimes extremos poderia ser absoluto: por mais esmagadores que sejam os privilégios ligados ao nome, à riqueza ou a qualquer outra vantagem de nascimento, ainda subsiste uma oportunidade, mesmo infinitesimal, para a audácia, a ambição e o valor. Em contrapartida, nas sociedades mais igualitárias, onde nenhuma forma de herança não seria admitida, é difícil imaginar que o acaso do nascimento tenha tão pouco efeito a ponto de a posição do pai não influir na carreira do filho e, automaticamente, facilitá-la. Dificilmente se eliminará a vantagem constituída apenas pelo fato de que tal jovem cresceu em um certo meio, a que pertence, onde já conta com relações e apoio, cujos usos e preconceitos conhece, e teve a possibilidade de receber de seu pai conselhos e uma preciosa iniciação.

*

Com efeito, em todas as sociedades, assim que se desenvolveram um pouco, opõem-se, em graus diversos, a opulência e a miséria, a obscuridade e a glória, a dominação e a escravidão. A igualdade dos cidadãos foi proclamada, mas trata-se apenas de uma igualdade jurídica. O nascimento ainda faz pesar sobre todos, como uma hipoteca impossível de saldar, a lei do acaso, que traduz a continuidade da natureza e a inércia da sociedade. Talvez os legisladores se esforcem para compensar seus efeitos. As leis e as constituições buscam então estabelecer entre as capacidades ou as competências uma justa competição destinada a derrotar as vantagens de classe e a entronizar superioridades incontestáveis, demonstradas diante de um júri qualificado, homologadas à maneira dos desempenhos esportivos. Mas é por demais evidente que os competidores não estão igualmente posicionados para ter uma largada favorável.

A riqueza, a educação, a instrução, a situação de família, que são circunstâncias externas e muitas vezes decisivas, anulam na prática a igualdade inscrita na legislação. São por vezes necessárias várias gerações para recuperar o atraso do miserável sobre o privilegiado. As regras prometidas para o *agôn* legal são visivelmente ridicularizadas. O filho de um agricultor em uma província pobre e distante, embora bem capaz, não se encontra de imediato em competição com o filho de inteligência medíocre de um alto funcionário da capital. A origem dos rapazes que acedem aos estudos universitários é objeto de estatísticas, que são o melhor meio de medir a fluidez social. É chocante constatar a que ponto esta permanece insignificante, mesmo nos países socialistas, apesar de incontestáveis progressos.

Não há dúvida de que existem os exames, os concursos, as bolsas e todo tipo de homenagem às capacidades ou às competências. Mas, precisamente, são homenagens, e mesmo paliativos, que na maior parte do tempo permanecem de uma lamentável insuficiência: remédios, amostras e álibis, mais que normas e regras gerais. É preciso ver a realidade de frente, inclusive a situação das sociedades que se consideram como as únicas equitativas. Percebemos então que, no conjunto, só há competição efetiva entre pessoas de mesmo nível, de mesma origem, de mesmo meio. O regime não muda muito este quadro. Um filho de um dignitário será sempre favorecido, não importando o que permite o acesso às distinções. O problema permanece grave em uma sociedade democrática (ou socialista, ou comunista): Como equilibrar de forma eficaz o acaso do nascimento?

Claro, os princípios de uma sociedade igualitária não sancionam de forma alguma os direitos e vantagens que esse acaso acarreta, mas podem se revelar tão opressores quanto nos regimes de castas. Mesmo admitindo-se variados e rigorosos mecanismos de compensação, destinados a recolocar cada um em uma posição ideal única e a não favorecer senão o mérito verdadeiro e a excelência comprovada, ainda neste caso, a sorte subsiste.

Subsiste primeiro na própria *alea* da hereditariedade, que distribui de forma desigual os dons e os vícios. Intervém em seguida infalivelmente até nas provas organizadas para garantir o triunfo do mais meritório. Com efeito, é bem possível que o destino favoreça indevidamente o candidato que se depara com a única questão estudada com afinco, enquanto compromete o êxito do infeliz questionado sobre o único ponto que havia negligenciado. Eis, subitamente, um elemento aleatório reintroduzido no próprio coração do *agôn*.

De fato, a sorte, a ocasião, a aptidão para aproveitá-las desempenham um papel constante e considerável nas sociedades reais. Nelas, as interferências são tão complexas e variadas entre as vantagens oriundas do nascimento tanto físico quanto social (e que podem ser as honrarias ou os bens, ou a beleza, a saúde ou raras disposições) e as conquistas da vontade e da paciência, da competência e do trabalho (que são o apanágio do mérito). De um lado, o dom dos deuses ou da conjuntura; de outro, a recompensa do esforço, da obstinação, da habilidade. Do mesmo modo, no jogo de cartas, a vitória sanciona uma superioridade mista em que se compõem a distribuição das cartas e a ciência do jogador. *Alea* e *agôn* são assim contraditórios, mas solidários. Um conflito permanente os opõe, uma aliança essencial os une.

Por seus princípios, e cada vez mais por suas instituições, as sociedades modernas tendem a alargar o campo da competição regrada, isto é, do mérito, em detrimento daquele do nascimento ou da herança, ou seja, do acaso. Semelhante evolução satisfaz ao mesmo tempo a justiça, a razão e a necessidade de empregar da melhor forma os talentos. É por isso que os reformadores políticos se esforçam constantemente para conceber uma competição mais equitativa e para apressar o seu advento. Mas os resultados de sua ação permanecem magros e decepcionantes. Além do mais, parecem distantes e improváveis.

Enquanto não chegam os resultados, assim que tem idade para refletir, o indivíduo compreende facilmente que já é demasiado tarde e os jogos estão feitos. É prisioneiro de sua condição. Seu mérito talvez lhe permita melhorá-la, mas não sair dela. Não o leva a mudar radicalmente de nível de vida. O que explica a nostalgia de atalhos, de soluções imediatas que oferecem a perspectiva de um sucesso repentino, embora relativo. É realmente preciso pedi-lo ao destino, uma vez que o trabalho e a qualificação são impotentes para oferecê-lo.

Ademais, muitos se dão conta de que não há muito que esperar de seu próprio mérito. Percebem que outros têm mais do que eles, são mais hábeis, mais vigorosos, mais inteligentes, mais trabalhadores ou mais ambiciosos, têm mais saúde ou mais memória, agradam muito mais ou persuadem melhor. Por isso, conscientes de sua inferioridade, não depositarão sua esperança em uma comparação exata, imparcial e de certa forma cifrada. Também estes se voltam para a sorte e buscam um princípio de discriminação que lhes seria mais clemente. Sem esperanças de ganhar nos torneios do *agôn*, dirigem-se às loterias, a todo sorteio em que o menos dotado, o imbecil e o enfermo, o desajeitado e o preguiçoso, diante da maravilhosa cegueira de uma nova espécie de justiça, encontram-se enfim iguais aos homens de recursos e de perspicácia.

A *alea*, nestas condições, aparece novamente como a compensação necessária, como o complemento natural do *agôn*. Uma classificação única e definitiva impossibilitaria qualquer futuro àqueles que ela condena. É preciso uma prova de substituição. O recurso à sorte ajuda a suportar a injustiça da competição fraudada ou demasiado rude. Ao mesmo tempo, oferece uma esperança aos deserdados que um concurso franco manteria nos piores lugares, que são, necessariamente, os mais numerosos. É por isso que, à medida que a *alea* do nascimento perde sua antiga supremacia e que a competição regrada estende sua influência, vemos se desenvolver e proliferar, ao lado desta última, milhares de mecanismos secundários destinados a conceder, repentinamente, uma promoção excepcional a um raro vencedor estupefato e encantado.

Para este fim respondem, primeiramente, os jogos de azar, mas também inúmeras provas, jogos de azar dissimulados, que têm como característica comum apresentarem-se como competições, mas sendo que um elemento de aposta, de risco, de chance simples ou composta, desempenha o papel principal. Estas provas, estas loterias permitem ao jogador exultante uma fortuna mais modesta do que imagina, mas cuja perspectiva basta para fasciná-lo. Cada um pode ser o eleito. Esta eventualidade quase ilusória não deixa de encorajar os humildes a suportar melhor a mediocridade de uma condição da qual não têm praticamente nenhum outro meio de escapar. Seria necessária uma sorte extraordinária: um milagre. Mas cabe à *alea* propor esse milagre permanentemente. Daí a prosperidade contínua dos jogos de azar. Até o próprio Estado vê vantagens nisso. Ao criar, apesar dos protestos dos moralistas, loterias oficiais, acredita beneficiar-se amplamente de uma fonte de renda que, desta vez, lhe é consentida com entusiasmo. Caso renuncie a este expediente e deixe à iniciativa privada o lucro de sua exploração, impõe pesados impostos às diversas operações que apresentam a característica de uma aposta no destino.

Jogar é renunciar ao trabalho, à paciência, à poupança pelo lance afortunado que, em um segundo, oferece o que uma vida de trabalho extenuante e de privações não concede, se a sorte não intervém e caso não se recorra à especulação que, precisamente, também depende da sorte. Os prêmios, para seduzir ainda mais, devem ser altos, pelo menos os mais importantes. Ao contrário, os bilhetes devem ser o mais barato possível e ainda convém que possam ser facilmente divididos, para colocá-los ao alcance da variedade de amadores impacientes. A consequência é que os grandes ganhadores são raros. Não importa, pois nem por isso a soma que recompensa o mais favorecido deixa de aparecer como a mais prestigiosa.

O primeiro exemplo que me ocorre, embora não seja o mais conclusivo, é o Sweepstake do Grande Prêmio de Paris, em que o montante é de 100 milhões de francos, ou seja, o equivalente a uma soma que a maioria dos compradores de bilhete deve ver como simplesmente fabulosa, pois ganham arduamente algumas dezenas de milhares de francos por mês. Com efeito, quando o salário anual de um operário médio é calculado em 400 mil francos, esta soma representa o valor de cerca de 250 anos de trabalho. O bilhete, vendido a 18.500 francos, um pouco mais da metade do ganho mensal, está, portanto, fora do alcance da maioria dos assalariados, e estes acabam se contentando com a compra dos "décimos" que, por 2.000 francos, fazem-nos vislumbrar a perspectiva de um prêmio de 10 milhões, equivalente instantâneo e absoluto a 25 anos de trabalho. O atrativo dessa brusca opulência é inevitavelmente embriagante, pois significa, de fato, uma mudança radical de condição, praticamente inconcebível pelas vias normais, ou seja, uma dádiva pura do destino[46].

A magia criada revela-se eficaz: segundo as últimas estatísticas publicadas, em 1955 os franceses gastaram 115 bilhões só nos jogos de azar controlados pelo Estado. Deste total, as receitas brutas da loteria nacional chegam a 46 bilhões, ou seja, mil francos para cada francês. No mesmo

---

46 Os valores dados são de 1956 (data da primeira edição), ou seja, em francos antigos. Hoje, são amplamente superados pelas somas gastas na "trifeta", loteria que dá ao apostador a ilusão de que pode, em certa medida, se proteger do destino.

ano, foram distribuídos cerca de 25 bilhões de prêmios. Os grandes prêmios, cuja importância relativa quanto ao total de prêmios continua aumentando, são visivelmente calculados para alimentar a esperança de um enriquecimento que, evidentemente, encoraja a clientela a considerá-lo como um modelo.

Sobre isso, considero que a prova mais contundente é a publicidade oficiosa praticamente imposta aos beneficiários destas súbitas fortunas, ainda que, caso peçam, possam respeitar seu anonimato. Mas a prática quer que os jornais informem com todos os detalhes a opinião sobre a vida cotidiana e os projetos dessas pessoas. É como se convidassem a multidão dos leitores a tentar sua sorte uma vez mais.

Os jogos de azar não são organizados em todos os países com gigantescos sorteios que funcionam em escala nacional. Privados do caráter oficial e do apoio do Estado, eles veem diminuir rapidamente sua importância. O valor absoluto dos prêmios diminui com o número dos jogadores. Não há mais uma desproporção quase infinita entre a soma arriscada e a soma cobiçada. Nem por isso, no entanto, o volume mais modesto das apostas tem como resultado que o total dos jogos seja, afinal, menos considerável.

Pelo contrário, pois o sorteio não se apresenta mais como uma operação solene e relativamente rara. O volume das apostas é generosamente substituído pelo ritmo das partidas. Quando os cassinos abrem, os crupiês, nas dezenas de mesas, seguindo um ritmo estabelecido pela direção, não param de lançar a bolinha da roleta e de anunciar os resultados. Nas capitais mundiais do jogo, em

Deauville, em Monte Carlo, em Macau ou em Las Vegas, por exemplo, as somas em circulação contínua podem não alcançar as cifras fantásticas que, com condescendência, imaginamos, mas a lei dos grandes números garante um benefício quase invariável sobre operações rápidas e ininterruptas. É o suficiente para que a cidade ou o Estado obtenha uma prosperidade ostensiva e escandalosa que se manifesta habitualmente no brilho das festas, no luxo agressivo, na permissividade dos costumes, seduções que têm seu aspecto publicitário e que, aliás, são abertamente destinadas a direcionar a prática.

É verdade que essas metrópoles especializadas atraem sobretudo uma clientela flutuante que vem se distrair por alguns dias em um ambiente excitante de prazer e de facilidade, mas que logo retorna a um modo de existência mais laborioso e austero. Mantidas todas as proporções, as cidades que oferecem à paixão do jogo tanto um refúgio quanto um paraíso assemelham-se aos imensos bordéis ou às enormes casas de ópio. São objeto de uma tolerância controlada e rentável. Um povo nômade de curiosos, de desocupados ou de maníacos que apenas passa por elas. Em Las Vegas, 7 milhões de turistas deixam anualmente 60 milhões de dólares que representam cerca de 40% do orçamento de Nevada. O tempo que ali permanecem não deixa de ser uma espécie de parêntese no curso ordinário de sua vida. O estilo da civilização não é sensivelmente afetado.

É evidente que a existência de grandes cidades, onde os jogos de azar são a razão de ser e o recurso quase exclusivo, acaba manifestando a força do instinto que se expressa na busca da sorte. No entanto, não é nessas cidades anormais que esse instinto se mostra mais terrível. Nas outras, a aposta mútua urbana permite a cada um jogar nas corridas sem mesmo ir ao hipódromo. Sociólogos observaram a tendência dos operários de fábrica para constituir espécies de clubes onde apostam somas relativamente importantes – para não dizer desproporcionais a seu salário – nos resultados dos jogos de futebol[47]. Também aqui existe um traço de civilização[48].

Loterias de Estado, cassinos, hipódromos, apostas mútuas de toda espécie permanecem nos limites da *alea* pura, cujas leis de justiça matemática observam rigidamente.

Com efeito, sendo a dedução feita dos gastos gerais e da retenção efetuada pela administração, o ganho, por mais desmedido que pareça, permanece rigorosamente proporcional à aposta e ao risco de cada um dos jogadores. Uma importante inovação do mundo moderno consiste naquilo que chamarei de bom grado de loterias disfarçadas, ou seja, aquelas que não pedem nenhum investimento de fundos e que se dão a aparência de recompensar o talento, a erudição gratuita, a engenhosidade

---

47 Cf. FRIEDMANN, G. *Où va le travail humain.* Paris, 1950, p. 147-151. Nos Estados Unidos, apostam sobretudo nos *numbers*, ou seja, nos "três últimos números do total dos títulos negociados por dia em Wall Street". Daí as chantagens e as fortunas consideráveis, mas tidas como de origem duvidosa. Ibid., p. 149, n. 1; *Le Travail en miettes.* Paris, 1956, p. 183-185.

48 A influência dos jogos de azar castiga extremamente quando a grande maioria de uma população trabalha pouco e joga muito, sobretudo quando joga todos os dias. Mas é preciso, para que o caso se produza, um encontro bastante excepcional de clima e regime social. Então a economia geral encontra-se modificada e formas particulares de cultura aparecem ligadas, como é de se esperar, ao desenvolvimento concomitante da superstição. Mais adiante descrevo alguns exemplos no complemento intitulado: "Importância dos jogos de azar". Cf. tb. os valores fornecidos no Dossiê, p. 278s., para as somas gastas nas máquinas de fliperama nos Estados Unidos e no Japão.

ou qualquer outro mérito, que escapa, por sua natureza, à apreciação objetiva ou à sanção legal. Alguns grandes prêmios literários realmente trazem a um escritor a fortuna e a glória, pelo menos por alguns anos. Esses prêmios originam milhares de outros que não rendem muita coisa, mas que, de alguma forma, dão continuidade e transformam em dinheiro o prestígio dos mais importantes. Uma moça, depois de ter vitoriosamente enfrentado rivais cada vez mais difíceis, é finalmente proclamada Miss Universo e se torna estrela de cinema ou esposa de um bilionário. Como ela, incontáveis e imprevisíveis rainhas, damas de honra, musas, sereias etc. são eleitas e, na melhor das hipóteses, desfrutam durante uma temporada de uma notoriedade inebriante, mas discutível, de uma vida esplêndida, mas sem suporte, em um dos palacetes de uma praia da moda. Todo grupo quer ter a sua *miss*. Não existem limites. Até radiologistas elegeram como *Miss esqueleto* uma moça (Loïs Conway, 18 anos) que pelos raios-X revelou possuir a mais bela estrutura óssea.

Às vezes é preciso se preparar para a prova. Na televisão, uma pequena fortuna é oferecida a quem conseguir responder questões cada vez mais difíceis sobre um determinado assunto. A escolha de uma equipe e de acessórios impressionantes confere uma certa solenidade a essa representação semanal em que um experiente orador entretém o público; uma bela moça tem como função vigiar o cheque exposto à cobiça pública; uma máquina eletrônica garante uma seleção incontestável das questões; uma cabine isolada, enfim, permite aos candidatos se recolherem, prepararem, sozinhos e diante de todos, a resposta fatídica. De condição modesta, comparecem apavorados diante de um tribunal insensível. Centenas de milhares de distantes espectadores participam de sua angústia e, ao mesmo tempo, se sentem orgulhosos por controlarem esse tipo de prova.

Aparentemente, trata-se de um exame em que as questões são graduadas para que possam medir a extensão dos conhecimentos do indivíduo: um *agôn*. Na realidade, é sugerida uma série de apostas em que a chance de ganhar diminui à medida que aumenta o valor da recompensa oferecida. O nome *tudo ou nada*, geralmente dado a este jogo, não deixa dúvida sobre este ponto. Denuncia também a rapidez da progressão. Bastam menos de dez questões para tornar o risco extremo e a recompensa fascinante. Aqueles que chegam ao fim da corrida são considerados, por um tempo, heróis nacionais: nos Estados Unidos, a imprensa e a opinião pública se apaixonaram sucessivamente por um sapateiro especialista em ópera italiana, uma colegial negra cuja ortografia é impecável, um agente de polícia apaixonado por Shakespeare, uma senhora leitora atenta da Bíblia e um militar gastrônomo. A cada semana um novo exemplo[49].

---

49 É interessante dar alguns números. Um jovem professor descrito como tímido ganha 51 milhões de francos (120 mil dólares) respondendo durante catorze semanas questões sobre o basebol, os modos da Antiguidade, as sinfonias dos grandes músicos, a matemática, as ciências naturais, as explorações, a medicina, Shakespeare e a história da revolução americana. As crianças ocupam um importante lugar nos prêmios. Lenny Ross, 11 anos, ganhou 64 mil dólares (ou 23 milhões de francos) graças aos seus conhecimentos sobre a Bolsa. Alguns dias depois, Robert Strom, 10 anos, ganhou 80 mil dólares (30 milhões de francos) ao longo de um interrogatório sobre eletrônica, fisiologia e astronomia. Em Estocolmo, em fevereiro de 1957, a televisão sueca contesta a resposta do jovem Ulf Hannetz, 14 anos, designando o *Umbra Krameri* como o peixe que tem pálpebras. O museu de Stuttgart envia imediatamente por avião dois espécimes vivos e o Instituto Britânico de ciências naturais um filme gravado nas profundezas. Os contraditores da criança ficam desconcertados. O jovem herói recebe 700 mil francos e a televisão americana o traz até Nova York. A opinião pública está extasiada. Esta febre é sabiamente mantida. "Trinta segundos para fazer fortuna",

O entusiasmo provocado por essas apostas sucessivas e o sucesso do programa indicam claramente que a fórmula corresponde a uma necessidade sentida por todos. Seja como for, sua exploração é rentável, assim como a dos concursos de beleza e, certamente, pelas mesmas razões. Essas fortunas rápidas e, contudo, puras, pois aparentemente decorrentes do mérito, trazem uma compensação à falta de amplitude da rivalidade social que, afinal, só é exercida entre pessoas de mesma classe, de mesmo nível de vida ou de instrução. De um lado, a competição diária é severa e implacável e, de outro, monótona e cansativa. Não apenas não diverte, como acumula rancores. Desgasta e desencoraja, pois praticamente não deixa muita esperança de sair de sua condição só com o salário oferecido por sua profissão. Por isso cada um aspira a uma revanche. Sonha com uma atividade dotada de poderes inversos que apaixone e, ao mesmo tempo, de chofre, dê a chance de uma promoção verdadeira. Está claro que quem reflete não consegue se enganar: o consolo fornecido por tais concursos é derrisório, mas como a publicidade multiplica sua ressonância, o ínfimo número dos ganhadores conta menos do que a enorme massa dos aficionados que, em suas casas, acompanham as peripécias da prova. Identificam-se mais ou menos com os concorrentes. Por *delegação*, inebriam-se com o triunfo do vencedor.

---

anunciam os jornais, que consagram uma rubrica quase regular a esses concursos e que publicam a fotografia dos vencedores com, em grandes letras, o valor da soma fabulosa conquistada, segundo eles, em um átimo. O mais engenhoso e aplicado teórico dificilmente teria imaginado uma combinação tão notável dos recursos da preparação e do fascínio do desafio.

c) A delegação

Surge aqui um fato novo, cujo significado e alcance é realmente importante compreender. A *delegação* é uma forma atenuada e diluída da *mimicry*, a única que pode prosperar em um mundo ao qual preside a associação dos princípios do mérito e da sorte. A maioria fracassa nos concursos ou não está apta a disputá-los. Não tem acesso a eles ou é reprovada. Todo soldado tem a mesma oportunidade de se tornar marechal e de ser digno desse posto, contudo, só há um marechal para comandar batalhões de simples soldados. A sorte bem como o mérito não favorecem senão os raros eleitos. A maioria permanece frustrada. Todos desejam ser o primeiro, uma vez que a justiça e o código dão esse direito. Mas cada um sabe ou suspeita que talvez não o seja, pela simples razão de que só há um primeiro. Por isso acaba escolhendo ser o vencedor por pessoa interposta, por delegação, que é a única maneira de todos triunfarem ao mesmo tempo e triunfarem sem esforço nem risco de fracasso.

Daí o culto, eminentemente característico da sociedade moderna, da estrela e do campeão. Este culto pode, de forma legítima, ser considerado como inevitável em um mundo onde o esporte e o cinema ocupam um espaço tão importante. Para essa homenagem unânime e espontânea existe, no entanto, um motivo menos aparente, mas não menos persuasivo. A estrela e o campeão propõem as imagens fascinantes dos únicos sucessos grandiosos que, com a ajuda da sorte, podem ocorrer ao mais obscuro e ao mais pobre. Uma devoção sem igual aplaude a apoteose fulgurante daquele que para ter sucesso dispunha apenas de seus recursos pessoais: músculos, voz ou charme, armas naturais, inalienáveis, de homem sem apoio social.

A consagração é rara e, além do mais, comporta invariavelmente um tanto de imprevisto. Não intervém no fim de uma carreira com níveis imutáveis. Recompensa uma convergência extraordinária e misteriosa, em que se reúnem e se compõem os presentes das fadas no berço, uma perseverança que nenhum obstáculo desencorajou e é a última prova constituída pela ocasião perigosa, mas decisiva, encontrada e capturada sem hesitação. O ídolo, por outro lado, visivelmente triunfou em uma competição hipócrita, confusa, ainda mais implacável porque precisa que o sucesso chegue rápido. Pois esses recursos, que o mais humilde pode ter recebido como herança e que são a chance precária do pobre, têm um tempo curto. A beleza se vai, a voz se perde, os músculos se enferrujam, a flexibilidade desaparece. Por outro lado, quem não sonha vagamente em aproveitar da possibilidade feérica que, no entanto, parece próxima, de aceder ao empíreo improvável do luxo e da glória? Quem não deseja se tornar estrela ou campeão? Mas quantos, entre esta multidão de sonhadores, não se desencorajam diante das primeiras dificuldades? Quantos as abordam? Quantos realmente sonham com enfrentá-las um dia? É por isso que quase todos preferem triunfar por *procuração*, pelo intermédio dos heróis de filme e de romance, ou melhor, pela mediação dos personagens reais e fraternos que são as estrelas e os campeões. Sentem-se, apesar de tudo, representados pela manicure eleita rainha de beleza, pela vendedora a quem é confiado o primeiro papel em uma superprodução, pelo filho do comerciante que vence o *Tour de France*, pelo mecânico que veste traje típico e se torna um toureador de alta categoria.

É evidente que não há composição mais inextricável do que a do *agôn* e da *alea*. Um mérito em que cada um acredita ser possível pretender se combina com a sorte inesperada do grande prêmio, para talvez garantir ao recém--chegado um êxito tão excepcional que parece milagroso. É então que a *mimicry* intervém. Cada um participa por pessoa interposta de um triunfo desmedido que, aparentemente, pode lhe estar reservado, embora intimamente ninguém ignore que só acontece com um único eleito em milhões. De forma que cada um se considera autorizado à ilusão e, ao mesmo tempo, desobrigado dos esforços que precisaria dispensar, caso realmente quisesse tentar sua sorte e procurar ser este eleito.

Essa identificação superficial e vaga, embora permanente, tenaz e universal, constitui uma das engrenagens compensatórias essenciais da sociedade democrática. À maioria só resta essa ilusão para se ludibriar, para se distrair de uma existência terna, monótona e cansativa[50]. Essa transferência, talvez devesse chamá-la alienação, chega tão longe que normalmente resulta em gestos individuais dramáticos ou em uma espécie de histeria contagiosa que subitamente se apodera de toda uma juventude. Este fas-

---

50 Sobre as modalidades, a extensão e a intensidade da identificação, cf. excelente capítulo de Edgar Morin em *Les stars*, Paris, 1957, p. 69-145, principalmente as respostas aos questionários especializados e às pesquisas conduzidas na Grã-Bretanha e nos Estados Unidos sobre o fetichismo de que são objeto as estrelas. O fenômeno de delegação conhece duas possibilidades: a idolatria para uma estrela de outro sexo; a identificação com uma estrela do mesmo sexo e da mesma idade. Esta última forma é a mais frequente: 65% segundo as estatísticas da *Motion Picture Research Bureau* (op. cit., p. 93).

cínio é, aliás, favorecido pela imprensa, pelo cinema, pela rádio, pela televisão. O cartaz e a revista semanal ilustrada tornam o rosto do campeão ou da estrela presente em toda parte, inevitável, sedutor. Existe uma osmose contínua entre essas divindades temporárias e a multidão de seus admiradores. Estes são mantidos a par das preferências, das manias, das superstições e dos detalhes mais insignificantes da vida dessas divindades. Imitam-nas, copiam seus penteados, adotam suas maneiras, seus modos de vestir e de maquiar, seu regime alimentar. Viver por elas e nelas, a tal ponto que alguns não se consolam com sua morte e se recusam a viver mais do que elas. Pois estas devoções apaixonadas não excluem nem o frenesi coletivo nem as epidemias de suicídios[51].

É evidente que não é a proeza do atleta nem a arte do intérprete que fornecem a chave de tais fanatismos, mas sim uma espécie de necessidade geral de identificação com o campeão ou a estrela. Este tipo de hábito rapidamente se torna uma segunda natureza.

A estrela representa o êxito personificado, a vitória, a revanche sobre a esmagadora e sórdida inércia cotidiana, sobre os obstáculos que a sociedade opõe ao valor. A desproporção da glória do ídolo ilustra a possibilidade permanente de um triunfo que, de certa forma, se tornou algum bem e que, de todo modo, é um pouco a obra de cada um daqueles que o aplaudem. Esta elevação que, talvez, consagra qualquer um ridiculariza a hierarquia estabelecida, abole de maneira surpreendente e radical a fatalidade

---

51 Cf. Dossiê, p. 293s.

que sua condição faz pesar sobre cada um[52]. Por isso normalmente supõe algo suspeito, impuro ou irregular em tal carreira. O resíduo de inveja que subsiste na adoração não deixa de evidenciar um incômodo êxito da ambição e da intriga, do impudor ou da publicidade.

Os reis estão isentos de tal suspeita, mas sua condição, longe de contradizer a desigualdade social, oferece, ao contrário, sua ilustração mais espetacular. Mas, como se pode observar, assim como para as estrelas, a imprensa e o público se apaixonam pela pessoa dos monarcas, pelo cerimonial das cortes, pelos amores das princesas e pela abdicação dos soberanos.

A majestade hereditária, a legitimidade garantida pelas gerações de poder absoluto, oferece a imagem de uma grandeza simétrica que empresta do passado e da história um prestígio mais estável do que aquele oferecido por um sucesso passageiro e repentino. Para se beneficiar dessa superioridade decisiva, as monarquias, como dizem, só se dão ao trabalho de nascer. Não têm nenhum mérito. Admite-se que carregam o peso de privilégios excepcio-

---

52 Nada mais significativo a esse respeito do que o entusiasmo outrora suscitado na Argentina por Eva Peron, que reunia em sua pessoa três prestígios fundamentais: o da estrela (ela vinha do mundo do *music-hall* e dos estúdios), o do poder (como esposa e inspiradora do presidente da República) e o de uma espécie de providência encarnada dos humildes e dos sacrificados (papel que ela gostava de representar e sucesso do qual consagrava uma parte dos fundos públicos sob a forma de caridades individuais). Seus inimigos, para desacreditá-la junto ao povo, recriminavam suas peles, suas pérolas, suas esmeraldas. Eu a ouvi responder a essa acusação durante um imenso encontro no Teatro Colón de Buenos Aires, onde se amontoavam milhares de devotos. Ela não negou as peles e os diamantes que então exibia. Disse: "Será que nós, os pobres, não teríamos tanto quanto os ricos o direito de usar casacos de peles e colares de pérolas?" A multidão explode em aplausos longos e entusiasmados. Cada empregada também se sentia, por participação, coberta com as mais caras roupas e com as mais preciosas joias, na pessoa daquela que estava diante de seus olhos e que a "representava" naquele minuto.

nais, sobre os quais não têm responsabilidade e nem sequer tiveram de desejar ou escolher, ou seja, puro veredito de uma *alea* absoluta.

Portanto, a identificação é bem menor. Por definição, os reis pertencem a um mundo interdito ao qual só o nascimento permite o acesso. Não representam a mobilidade da sociedade, as oportunidades por ela oferecidas, mas, pelo contrário, sua lentidão e sua coerência com os limites e os obstáculos que elas opõem a um só tempo ao mérito e à justiça. A legitimidade dos príncipes surge como a encarnação suprema, quase escandalosa, da lei natural. Coroa, literalmente, e destina ao trono um ser que nada, a não ser a sorte, distingue da multidão daqueles sobre quem, em virtude de um decreto cego do destino, é convocado a reinar.

Desde então, a imaginação popular sente a necessidade de aproximar o mais possível da condição humana aquele que dela está separado por uma distância intransponível. Ela o quer simples, sensível e, sobretudo, esmagado pela pompa e honras às quais está condenado. Para invejá-lo menos, lamenta-o. Considera como evidente que as alegrias mais simples lhes sejam proibidas e repete com insistência que ele não tem a liberdade de amar, que pertence à coroa, à etiqueta, aos seus deveres de Estado. Uma estranha mistura de inveja e de compaixão envolve assim a dignidade suprema e atrai à passagem de reis e de rainhas um povo que, ao aclamá-los, procura se persuadir de que não são diferentes dele e de que, ao invés de felicidade e poder, o cetro traz mais aborrecimentos e tristezas, cansaço e servidão.

Reis e rainhas são retratados ávidos de afeição, de sinceridade, de solidão, de fantasia e, sobretudo, de liberdade.

"Não posso nem mesmo comprar um jornal", teria dito a rainha da Inglaterra durante sua visita a Paris em 1957. Eis então o tipo de declaração atribuída pela opinião pública aos soberanos, e sua necessidade de acreditar que corresponde a uma realidade essencial.

A imprensa trata como estrelas as rainhas e as princesas, mas como estrelas prisioneiras de um único papel esmagador, imutável, que só pensam em abandonar. Estrelas involuntárias presas à armadilha de seu personagem.

Uma sociedade, mesmo igualitária, não deixa aos humildes nenhuma esperança de sair de sua existência decepcionante. Condena quase todos a permanecer eternamente no lugar medíocre que os viu nascer. Para enganar uma ambição ensinada na escola, ou seja, a de que todos têm o direito de ter e que logo a vida lhes mostra ser uma quimera, acalenta-os com imagens esplêndidas: enquanto o campeão e a estrela os seduzem com a possível ascensão espetacular permitida aos mais deserdados, o protocolo despótico das cortes recorda-lhes que a vida dos monarcas só é feliz na medida em que guarda algo de comum com a deles, de forma que não é tão vantajoso assim ter recebido do destino a investidura mais desmedida.

Essas crenças são estranhamente contraditórias. Por mais mentirosas que sejam, traduzem uma espécie de engodo indispensável, pois proclamam uma confiança nos dons da sorte quando favorecem os humildes e negam as vantagens trazidas no momento em que asseguram, desde o berço, um destino soberbo aos filhos dos poderosos.

*

Tais atitudes, ainda assim entre as mais comuns, não deixam de ser estranhas. É preciso, para compreendê-las, uma explicação na justa medida de sua amplitude e de sua estabilidade. Ocupam um lugar entre as engrenagens permanentes de uma determinada sociedade. O novo *jogo* social, como vimos, é definido pelo debate entre o nascimento e o mérito, entre a vitória conquistada pelo melhor e a ocasião inesperada que exalta o mais afortunado. Contudo, enquanto a sociedade repousa na igualdade de todos e a proclama, apenas uma ínfima minoria nasce ou consegue chegar aos primeiros lugares, sendo evidente que nem todos poderiam ocupá-los, a menos que houvesse uma inconcebível alternância. Daí o subterfúgio da delegação.

Um mimetismo latente e benigno fornece uma inofensiva compensação a uma multidão resignada, sem esperança nem firme propósito de aceder ao universo de luxo e de glória que a encanta. A *mimicry* é difusa e corrompida. Privada da máscara, não resulta mais na possessão e na hipnose, e sim na mais inútil das fantasias, a que se origina no encantamento da sala escura ou no estádio ensolarado, quando todos os olhares estão fixos nos gestos de um radiante herói. É incessantemente repercutida pela publicidade, pela imprensa e pelo rádio. Faz com que vivam na imaginação a vida suntuosa e plena cujos elementos e dramas lhes são diariamente descritos. Enquanto a máscara só é vestida em raras ocasiões e quase não tem mais uso, a *mimicry*, infinitamente exposta, serve de suporte ou de contrapeso às novas normas que governam a sociedade.

Ao mesmo tempo, a *vertigem*, ainda mais despossuída, só continua exercendo sua permanente e poderosa solicitação por meio da corrupção que lhe corresponde, isto é, pela embriaguez oferecida pelo álcool ou as drogas. Também ela, assim como a máscara e o disfarce, não passa efetivamente de um jogo, ou seja, atividade regrada, circunscrita, separada da vida real. Estes papéis episódicos certamente estão longe de esgotar a virulência das forças enfim domadas do simulacro e do transe. É por isso que ressurgem sob formas hipócritas e pervertidas no coração de um mundo que os mantém à margem e, normalmente, não lhes consente quase nenhum direito.

*

É hora de concluir. Afinal, tratava-se apenas de mostrar como se reúnem os motivos fundamentais dos jogos. Daí os resultados de uma dupla análise. De um lado, a vertigem e o simulacro – ambos tendendo à alienação da personalidade – têm preponderância em um tipo de sociedade, de onde, aliás, não estão excluídas a emulação nem a sorte. Neste tipo de sociedade, porém, a emulação não está codificada e tem pouco lugar nas instituições, e quando isso ocorre é muitas vezes sob a forma de uma simples prova de força ou de uma promessa de prestígio. Aliás, na maioria das vezes, esse mesmo prestígio é geralmente de origem mágica e de natureza fascinante: obtido pelo transe e pelo espasmo, garantido pela máscara e pela mímica. Quanto à sorte, não é só expressão abstrata de um coeficiente estatístico, mas também a marca sagrada da graça dos deuses.

Em contrapartida, a competição regrada e o veredito do acaso, que implicam cálculos precisos em especulações destinadas a repartir de forma equilibrada os riscos e os prêmios, constituem os princípios complementares de outro tipo de sociedade. Criam o direito, isto é, um código fixo, abstrato, coerente, modificando assim tão profundamente as normas da vida em comum que o adágio romano *Ubi societas, ibi jus*, ao pressupor uma absoluta correlação entre a sociedade e o direito, parece admitir que a própria sociedade começa com esta revolução. O êxtase e a pantomima não são desconhecidos neste universo, mas encontram-se de certa forma desclassificados. Em tempo normal, só aparecem destituídos, abandonados, talvez até mesmo domesticados, como mostram diversos e fartos fenômenos, mas de todo modo subalternos e inofensivos. No entanto, sua virtude de arrebatamento permanece poderosa o suficiente para a qualquer momento precipitar uma multidão em algum monstruoso frenesi. A história fornece exemplos bastante singulares e terríveis, desde as Cruzadas das crianças na Idade Média até a vertigem orquestrada dos congressos de Nuremberg durante o Terceiro Reich, passando por várias epidemias de saltimbancos e de dançarinos, de convulsionários e de flagelantes, pelos anabatistas de Münster no século XVI, pelo movimento conhecido sob o nome de *Ghost--Dance Religion* entre os sioux do fim do século XIX, ainda mal-adaptados ao novo estilo de vida, pelo "despertar" do País de Gales em 1904-1905, e por tantos outros contágios imediatos, irresistíveis, às vezes devastadores, em contradição com as normas fundamentais das civilizações que os padecem[53]. Um exemplo recente e característico, embora de menor alcance, é oferecido pelas manifestações de violência às quais se entregaram os adolescentes de Estocolmo por volta do ano-novo de 1957, explosão incompreensível de uma loucura de destruição muda e tenaz[54].

---

53 Sobre esse assunto, Philippe de Felice reuniu uma documentação incompleta, mas impressionante, em sua obra *Foules en délire, extases colletives.* Paris, 1947.

54 Cf. artigo (reproduzido no Dossiê, p. 295-297) de Eva Freden no jornal *Le Monde* de 5 de janeiro de 1957. Essas manifestações muito provavelmente devem ser relacionadas com o sucesso de certos filmes americanos como *O selvagem* e *Juventude transviada.*

Esses excessos, que são também acessos, não poderiam a partir de então constituir a regra nem se revelar como o tempo e o sinal da graça, como a explosão esperada e respeitada. Possessão e mímica não trazem mais do que um delírio incompreensível, passageiro e que causa horror, assim como a guerra, que justamente apresento como o equivalente da festa primitiva. O louco não é mais considerado como o insano intérprete de um deus que o habita. Não imaginam que profetize e que tenha poder de cura. Torna-se unânime que a autoridade é um trabalho de calma e de razão, e não de frenesi. Foi necessário reabsorver tanto a demência quanto a festa, ou seja, todo caos prestigioso nascido do delírio de um espírito ou da efervescência de uma multidão. Por este preço, a cidade pôde nascer e crescer, os homens passarem do ilusório domínio mágico do universo, rápido, total e estéril à lenta mas efetiva domesticação técnica das energias naturais.

O problema está longe de ser resolvido. Continuamos a ignorar a série afortunada de escolhas decisivas que permitiu a algumas raras culturas atravessar a mais estreita das portas, ganhar a mais improvável das apostas, aquela que introduz na história e que, ao mesmo tempo, autoriza uma ambição indefinida, e graças à qual a autoridade do passado deixa de ser pura paralisia para se metamorfosear em potência de inovação e condição de progresso, isto é, patrimônio, em lugar de obsessão.

O grupo que sabe manter tal desafio escapa ao tempo sem memória nem futuro; limitava-se a esperar o retorno cíclico e fascinante das máscaras criadoras que ele próprio reproduzia em intervalos fixos em uma total e alucinada renúncia da consciência. Engaja-se em uma empreitada desta vez audaciosa e fecunda, que é linear, que não retorna periodicamente ao mesmo limiar, que experimenta e que explora, que não tem fim, que é a aventura mesma da civilização.

Talvez fosse leviano concluir que, para poder tentá-lo, teria bastado em algum momento recusar a ascendência do par *mimicry-ilinx*, a fim de substituí-lo por um universo no qual o mérito e a sorte, o *agôn* e a *alea*, compartilhariam o governo. Isso é pura especulação. Mas que essa ruptura acompanhe a revolução decisiva e que deva entrar em sua descrição correta, embora este repúdio só provoque no início efeitos imperceptíveis, não creio que se possa recusar, pois talvez o consideremos demasiado evidente e mesmo supérfluo destacá-lo.

Ressurgências no mundo moderno

Se a *mimicry* e o *ilinx* são realmente para o homem tentações permanentes, não deve ser fácil eliminá-los da vida coletiva a ponto de só subsistirem como divertimentos infantis ou comportamentos aberrantes. Por mais cuidadosamente que se desacredite sua virtude, que se reduza seu emprego, que se domestiquem ou se neutralizem seus efeitos, a máscara e a possessão correspondem, apesar disso, a instintos suficientemente ameaçadores para que seja necessário conceder-lhes algumas satisfações, decerto limitadas e inofensivas, mas de grande repercussão e que, pelo menos, entreabrem a porta aos prazeres ambíguos do mistério e do sobressalto, do pânico, do estupor e do frenesi.

Desencadeiam-se, assim, energias selvagens, explosivas, prestes a alcançar de chofre um perigoso paroxismo. Contudo, a sua força principal provém de sua aliança: para subjugá-las mais facilmente, nada melhor do que sua cumplicidade. O simulacro e a vertigem, a máscara e o êxtase estavam constantemente associados no interior do universo visceral e alucinado que sua união manteve por tanto tempo. De agora em diante, só aparecem dissociados, empobrecidos e isolados em um mundo que os recusa e que, aliás, só prospera na medida em que consegue conter ou enganar sua violência disponível.

De fato, em uma sociedade liberta do encantamento do par *mimicry-ilinx*, a máscara perde necessariamente sua virtude de metamorfose. Aquele que a usa não se sente mais encarnando as potências monstruosas de cujo rosto inumano se revestiu. Aqueles a quem assusta também não se deixam mais enganar pela aparição irreconhecível. A própria máscara mudou de aparência. Também ela, em larga medida, mudou de finalidade. Adquire, com efeito, um novo papel, estritamente utilitário. Instrumento de dissimulação, como no caso do malfeitor que busca ocultar seus traços, não impõe uma presença. Protege uma identidade. Aliás, para que serve uma máscara? Basta um lenço. A máscara é muito mais um objeto que isola as vias respiratórias em um meio deletério ou que assegura aos pulmões a oxigenação indispensável. Nos dois casos estamos longe da antiga função da máscara.

A máscara e o uniforme
Como tão bem observou Georges Buraud, a sociedade moderna não conhece mais do que duas sobrevivências da máscara dos feiticeiros: o lobo e a máscara grotesca do Carnaval. O lobo, máscara reduzida ao essencial, elegante e quase abstrata, há muito que é o atributo da festa

erótica e da conspiração. Preside aos jogos equívocos da sensualidade e ao mistério dos complôs contra o poder. É símbolo de intriga, amorosa ou política[55]. Inquieta e provoca um leve sobressalto. Ao mesmo tempo, ao garantir o anonimato, protege e liberta. No baile, não são apenas dois desconhecidos que se abordam e que dançam. São dois seres que ostentam o signo do mistério e que já se encontram ligados por uma promessa tácita de segredo. A máscara liberta-os ostensivamente das obrigações que a sociedade faz pesar sobre eles. Em um mundo onde as relações sexuais são objeto de múltiplas interdições, é admirável que a máscara – o lobo, significando o animal predador e instintivo – represente tradicionalmente o meio e quase a decisão ostensiva de transgredir.

Toda a aventura é conduzida no plano do jogo, isto é, de acordo com as convenções preestabelecidas, em uma atmosfera e nos limites de tempo que a separam da vida cotidiana e que a tornam, em princípio, inconsequente.

O Carnaval, por suas origens, é uma explosão de libertinagem que, mais ainda que o baile de máscara, exige o disfarce e repousa na liberdade que ele possibilita. As máscaras de papelão, enormes, cômicas, exageradamente coloridas, são no plano popular o equivalente do lobo no plano mundano. Dessa vez, porém, não se trata de aventuras românticas, de intrigas atadas e desatadas ao longo de uma hábil esgrima verbal em que os parceiros alternadamente atacam e se esquivam. São brincadeiras grosseiras, encontrões, risos provocantes, atitudes desenfreadas, mímicas farsescas, incitação permanente à algazarra, à comi-

---

55 Cf. Dossiê, p. 297s.

lança, ao excesso de palavras, de barulho, de movimentos. As máscaras executam uma breve vingança sobre a decência e o bom comportamento que devem observar no resto do ano. Aproximam-se fingindo causar medo. O transeunte, jogando o jogo, aparenta se assustar ou, ao contrário, representa aquele que não tem medo. Caso se zangue, desqualifica-se, pois se recusa a jogar. Não compreende que as convenções sociais encontram-se momentaneamente substituídas por outras, destinadas justamente a ridicularizar as primeiras. Em um tempo e em um espaço definidos, o Carnaval oferece uma saída à desmedida, à violência, ao cinismo e à avidez do instinto. Mas, ao mesmo tempo, direciona-os para a agitação desinteressada, vazia e alegre, convida-os a um jogo *farsesco*, para retomar a exata expressão de G. Buraud, que, no entanto, não pensava no *jogo*. E não estava enganado. Esta degradação última da *mimicry* sagrada não passa de um jogo. Apresenta, aliás, a maior parte de suas características. Só que, mais próxima da *paidia* do que do *ludus*, permanece completamente do lado da improvisação anárquica, da confusão e da gesticulação, do puro gasto de energia.

Ainda é exagerado, sem dúvida. A ordem e a medida logo se impõem à própria efervescência e tudo acaba em cortejos, em batalhas de flores, em concursos de fantasias. As autoridades, por outro lado, como percebem na máscara a fonte viva da exaltação, contentam-se em proibi-la ali onde o frenesi geral tenderia, como do Rio de Janeiro, a adquirir durante uma dezena de dias consecutivos proporções incompatíveis com o simples funcionamento dos serviços públicos.

Na sociedade disciplinada, o uniforme substitui a máscara das sociedades de vertigem. É praticamente o seu contrário. De todo modo, é sinal de uma autoridade fundada em princípios rigorosamente opostos. A máscara destinava-se a dissimular e a aterrorizar. Significa a irrupção de uma potência terrível e caprichosa, intermitente e excessiva, que surge para inspirar um piedoso terror à multidão profana e para castigar suas imprudências e erros. O uniforme é também um disfarce, mas oficial, permanente, regulamentar e que, sobretudo, deixa o rosto à mostra. Faz do indivíduo o representante e o servidor de uma regra imparcial e imutável, não a presa delirante de uma veemência contagiosa. Por trás da máscara, a face transtornada do possuído adquire impunemente qualquer expressão espavorida, torturada, enquanto o funcionário deve cuidar para que possam ler em seu rosto nu que ele é algo mais do que um ser sensato e de sangue-frio encarregado apenas de aplicar a lei. Talvez nada indique melhor, ou pelo menos de maneira tão extraordinária, a oposição entre os dois tipos de sociedades quanto este contraste eloquente entre as duas feições distintivas – uma que disfarça, a outra que proclama – apresentada por aqueles a quem cabe a manutenção de ordens tão antagonistas.

A festa popular

Com exceção do uso – aliás modesto – da matraca e do tamborim, com exceção das cirandas e das farândolas, o Carnaval é estranhamente desprovido de instrumentos e de ocasiões de vertigem. Está de certa forma desarmado, reduzido apenas aos recursos, no entanto consideráveis, que nascem do uso da máscara. O campo próprio da vertigem está em outro lugar, como se uma sabedoria interessada tivesse prudentemente dissociado as potências do *ilinx* e as da *mimicry*. As feiras e os parques de diversões onde, inversamente, o uso da máscara não é comum, constituem, em contrapartida, os lugares preferidos onde se encontram reunidas as sementes, as armadilhas e os apelos da vertigem.

Esses lugares apresentam as características essenciais dos campos de jogos. Estão separados do resto do espaço por pórticos, guirlandas, rampas e placas luminosas, mastros, estandartes, decorações de todo tipo visíveis de longe e que traçam a fronteira de um universo consagrado. De fato, ao ultrapassar o limite, encontramo-nos em um mundo singularmente mais intenso do que o da vida comum: uma afluência irrequieta e barulhenta, uma profusão de cores e de iluminações, uma agitação contínua, exaustiva, embriagante, onde todos falam com todos ou tentam chamar a atenção, um rebuliço que incita ao abandono, à familiaridade, à fanfarronice, ao desaforo bonachão. Tudo isso confere à animação geral um clima singular. Além do mais, no caso das festas populares, seu caráter cíclico adiciona à ruptura no espaço uma escansão da duração, que opõe um tempo de paroxismo ao desenrolamento monótono da existência cotidiana.

A feira e o parque de diversões, como vimos, aparecem como o campo específico dos aparelhos de vertigem, máquinas de rotação, de oscilação, de suspensão e de queda construídas para provocar um pânico visceral. Mas, neste campo, todas as categorias do jogo entram em competição e acumulam suas seduções. O tiro de espingarda ou de arco representam os jogos de competição e de destreza sob sua forma mais clássica. As barracas de lutadores convidam cada um a medir sua força com a de campeões medalhados, barrigudos e empertigados. Mais adiante, um amador lança ao longo de uma inclinação, traiçoeiramente elevada em seu final, um carrinho com uma carga cada vez maior e pesada.

Há loterias por toda parte: roletas giram e param para marcar a decisão do destino. Alternam com a tensão do *agôn* a espera ansiosa por um veredito favorável da sorte. Bruxos, cartomantes, astrólogos revelam, contudo, a ascendência das estrelas e o rosto do futuro. Empregam métodos inéditos garantidos pela ciência mais recente: a "radiestesia nuclear", a "psicanálise existencial". Eis então satisfeito o gosto da *alea* e de sua alma condenada: a superstição.

A *mimicry* também está presente ao encontro: os comediantes, os palhaços, as bailarinas e os apresentadores desfilam e saem em busca do público. Ilustram a atração do simulacro, a potência da fantasia, de que, aliás, possuem o monopólio. Mas desta vez a multidão não tem permissão para se fantasiar.

No entanto, a vertigem dá o tom. Principalmente se considerarmos o volume, a importância e a complexidade das máquinas que oferecem a embriaguez, por ondas regulares de três a seis minutos. Ali, vagonetes acompanham trilhos com desenho de arcos de círculos quase perfeitos para que o veículo, antes de se endireitar, pareça despencar em queda livre, e para que os passageiros, presos às cadeiras, tenham a impressão de cair com ele. Mais adiante, os aficionados são trancados em espécies de gaiolas que os balançam e os mantêm de cabeça para baixo a uma determinada altura acima da multidão. Em um terceiro tipo de engenhos, a descontração súbita de molas gigantes catapulta para as extremidades de uma pista uns barquinhos que lentamente retornam para reaver seu lugar no mecanismo que novamente os projetará. Tudo é calculado para provocar sensações viscerais, um pavor e um pânico fisiológicos: velocidade, queda, sobressaltos, giros acelerados alternados com subidas e descidas. Uma última invenção utiliza a força centrífuga. Esta, no momento em que o tablado desaparece e se abaixa alguns metros, prende contra a parede de um gigantesco cilindro corpos sem apoio, congelados em qualquer postura, igualmente estupefatos. Ali permanecem "colados como moscas", como expressa a publicidade do estabelecimento.

Esses assaltos orgânicos se alternam com vários sortilégios suplementares, criados para desanimar, desnortear, aumentar a confusão, a angústia, a náusea, algum temor momentâneo que logo termina em risos, assim como pouco antes, ao sair de um brinquedo infernal, a desorientação física transformava-se subitamente em delicioso alívio. Também é este o papel dos labirintos de espelhos; das exibições de monstros e de híbridos como, por exemplo, gigantes e anões, sereias, crianças-macaco, mulheres-polvo, homens com pele maculada por manchas escuras como a pele do leopardo, e ainda há o horror suplementar de sermos convidados a tocá-los. Em frente, propõem-se as seduções não menos ambíguas dos trens fantasmas e dos castelos mal-assombrados, onde abundam os corredores escuros, as aparições, os esqueletos, o resvalar de teias de aranha, de asas de morcegos, as armadilhas, as correntes de ar, os urros inumanos e tantos outros recursos, tão pueris quanto arsenal simplório de terrores baratos, bons somente para exacerbar um nervosismo complacente e para provocar um horror passageiro.

Jogos de espelho, fenômenos e espectros concorrem para o mesmo resultado: a presença de um mundo fictício em contraste deliberado com a vida cotidiana, na qual reina a imobilidade das espécies e de onde os demônios são banidos. Os desconcertantes reflexos que multiplicam e espalham a imagem do corpo, a fauna compósita, os seres mistos da fábula e as deformidades do pesadelo, os enxertos de uma cirurgia maldita e o horror apático das experiências embrionárias, o povo das larvas e dos vampiros, o dos autômatos e dos marcianos (pois não há nada de estranho ou de inquietante que não encontre aqui seu emprego), completam com um mal-estar de um outro tipo o sobressalto absolutamente físico com o qual as máquinas de vertigem destroem por alguns instantes a estabilidade da percepção.

Será preciso relembrá-lo? Tudo continua sendo jogo, isto é, permanece livre, separado, limitado e convencional. Primeiro a vertigem e, em seguida, a excitação, o terror, o mistério. As sensações são por vezes terrivelmente brutais, mas a duração bem como a intensidade do atordoamento são previamente avaliadas. Por outro lado, ninguém ignora que a intenção da enganosa fantasmagoria é muito mais diverti-lo do que realmente ludibriá-lo. Até a organização dos detalhes é regrada e conforme a uma tradição das mais conservadoras. Mesmo as guloseimas expostas nas prateleiras das barracas têm algo de imutável em sua natureza e em sua apresentação: torrone, maçã do amor ou doces embrulhados em papel-manteiga com brasões desenhados e com longas franjas cintilantes, pão de mel enfeitado na hora com o nome do comprador.

O prazer é feito de excitação e de ilusão, de desorientação consentida, de quedas interrompidas, de choques amortecidos, de colisões inofensivas. A imagem perfeita da recreação nas festas populares é fornecida pelos carros bate-bate em que, ao simulacro de segurar um volante (basta ver o rosto sério, quase solene, de alguns condutores) adiciona-se um prazer elementar, que vem da *paidia*, da contenda, o prazer de perseguir os outros veículos, de tomar a dianteira, de lhes barrar a passagem, de o tempo todo provocar pseudoacidentes sem prejuízos nem vítimas, de fazer exatamente, e até enjoar, aquilo que, na realidade, os regulamentos mais proíbem.

Além do mais, para os que já têm a idade, no autódromo derrisório como em todo o espaço da festa, em todo engenho de pânico, em toda barraca de terror, onde o efeito da rotação e o sobressalto do medo fazem os corpos se aproximarem, paira de maneira difusa e insidiosa uma outra angústia, um outro deleite, que vem, por sua vez, da busca do parceiro sexual. Aqui, saímos do jogo propriamente dito e observamos que, pelo menos neste ponto, a festa popular aproxima-se do baile de máscaras e do Carnaval, apresentando a mesma atmosfera propícia à aventura desejada. Há, no entanto, uma única diferença, e das mais significativas: a vertigem substitui a máscara.

O circo

O circo está naturalmente associado à festa popular. Trata-se de uma sociedade à parte que tem seus costumes, seu orgulho e suas leis. Reúne um povo cioso de sua singularidade e orgulhoso de seu isolamento. Ali se casam entre si. Os segredos de cada profissão são transmitidos de pai para filho. Tanto quanto possível, acertam suas diferenças sem recorrer à justiça do mundo.

Domadores, equilibristas, cavaleiros, palhaços e acrobatas estão submetidos desde a infância a uma disciplina rigorosa. Cada um sonha em aperfeiçoar os números cuja exata minúcia deve assegurar seu sucesso e, em último caso, garantir sua segurança.

Esse mundo fechado e rigoroso constitui o lado austero da festa popular. A sanção decisiva, a da morte, está obrigatoriamente presente, tanto para o domador como para o acrobata. Faz parte da convenção tácita que une atores e espectadores. Entra nas regras de um jogo que prevê um risco total. A unanimidade das pessoas do circo em recusar a rede ou o cabo, que os preservaria de uma queda trágica, é bastante eloquente. Foi preciso, contra sua persistente vontade, que os poderes públicos impusessem a solução que protege suas vidas, mas que falseia a integridade do desafio.

A lona representa para o homem de circo não uma mera profissão, mas um modo de vida, realmente sem comparação com o que o esporte, o cassino ou o palco são para o campeão, o jogador ou o ator profissionais. A ela se adiciona uma espécie de fatalidade hereditária e uma ruptura muito mais acentuada com o universo profano. Sendo assim, a vida de circo não pode absolutamente ser considerada como um jogo. A tal ponto que me absteria de falar sobre ela se duas de suas atividades tradicionais não estivessem estreita e significativamente ligadas ao *ilinx* e à *mimicry*: refiro-me à acrobacia e ao roteiro imutável de certas palhaçadas.

A acrobacia

O esporte fornece a atividade que corresponde ao *agôn*; uma certa maneira de tripudiar com o acaso fornece, ou melhor, rejeita a atividade que corresponde à *alea*; o teatro fornece aquela que corresponde à *mimicry*. A acrobacia representa aquela que corresponde ao *ilinx*. Com efeito, a vertigem não aparece aqui apenas como um obstáculo, uma dificuldade ou um perigo, pelo que o jogo dos trapézios se distancia do alpinismo, do recurso forçado ao paraquedas ou das profissões que obrigam o operário a trabalhar em grandes alturas. Na acrobacia, a vertigem constitui o próprio motivo de proezas cuja finalidade principal é dominá-la. Um jogo consiste expressamente em se movimentar no espaço, como se o vazio nem fascinasse nem apresentasse qualquer perigo.

Uma existência ascética permite a pretensão a esta destreza suprema: um regime de privações severas ou de rigorosa continência, uma ginástica ininterrupta, a repetição regular dos mesmos movimentos, a aquisição de reflexos impecáveis e de um automatismo infalível. Os saltos são efetuados em um estado próximo da hipnose. Músculos flexíveis, fortes e um autocontrole imperturbável fornecem a condição necessária. É claro que o acrobata deve calcular o impulso, o tempo e a distância, a trajetória do trapézio. Mas vive no terror de pensar em tudo isso no momento decisivo. A atenção quase sempre tem consequências fatais, pois paralisa em vez de ajudar, em um momento em que a mínima hesitação é funesta. A consciência é assassina. Perturba a infalibilidade automatizada e compromete o funcionamento de um mecanismo cuja extrema precisão não suporta nem suas dúvidas nem seus arrependimentos. O equilibrista só tem êxito se estiver hipnotizado pela corda; o acrobata, se estiver bastante seguro de si para ousar entregar-se à vertigem em vez de tentar lhe resistir[56]. A vertigem é parte integrante da natureza, e só a comandamos quando a obedecemos. Estes jogos, de todo modo, vão ao encontro das façanhas dos *voladores* mexicanos, afirmam e ilustram a fecundidade natural do *ilinx* dominado. Disciplinas aberrantes, proezas realizadas sem qualquer pretensão e sem qualquer vantagem, gratuitas, mortais e inúteis, nem por isso deixam de merecer que lhes reconheçamos um admirável testemunho da perseverança, da ambição e da audácia humanas.

Os deuses que parodiam

São muitas as farsas dos palhaços. Dependem do capricho e da inspiração de cada um. Contudo, entre elas existe uma espécie particularmente resistente que, por sua vez, parece comprovar uma preocupação muito antiga e muito salutar dos homens: a de revestir qualquer mímica solene de uma contrapartida grotesca executada por um personagem ridículo. No circo, este é o papel do Augusto. Suas roupas, remendadas, mal-ajustadas, grandes ou pequenas

---

56 HIRN, Y. Op. cit., p. 213-216. • LE ROUX, H. *Les jeux du cirque et la vie foraine*. Paris, 1890, p. 170-173.

demais, sua peruca hirsuta e vermelha contrastam com os brilhantes paetês dos palhaços e com o corneto branco que os cobre. O infeliz é incorrigível. Ao mesmo tempo pretensioso e desajeitado, teima em imitar seus parceiros e consegue apenas provocar catástrofes das quais é vítima. Age infalivelmente na contramão. Atrai o ridículo, os sopapos e os baldes de água.

Mas, encontro ou ascendência distante, esse bufão pertence habitualmente à mitologia, na qual representa o herói trapalhão, malandro ou estúpido, de acordo com a situação que, durante a criação do mundo, com suas imitações desajeitadas dos gestos dos demiurgos, arruinou a obra destes e, às vezes, acabou introduzindo um germe de morte.

Os índios navajos do Novo México celebram uma festa designada com o nome do deus Yebitchai, cuja finalidade é a obtenção da cura dos doentes e da bênção dos espíritos para a tribo. Seus principais atores são dançarinos mascarados que personificam as divindades. São catorze: seis gênios masculinos, seis gênios femininos, o próprio Yebitchai, o deus que fala, e, por fim, Tonenili, o deus da água. Este é o Augusto do grupo. Usa a mesma máscara que os gênios masculinos, mas se veste com farrapos; arrasta, amarrada a sua cintura, uma velha pele de raposa. Dança de propósito fora do ritmo para atrapalhar os outros e acumula os desatinos. Finge acreditar que sua pele de raposa está viva e simula lançar flechas em sua direção. E, principalmente, imita as nobres atitudes de Yebitchai, ridicularizando-as. Infla o peito e se faz de importante. Mas ele é importante. É um dos principais deuses dos navajos. Mas é o deus que parodia.

Entre os zuñis, que habitam a mesma região, dez dos seres sobrenaturais, chamados de Katchinas, são diferentes dos outros. São os Koyemshis. Trata-se do filho de um sacerdote que cometeu o incesto com sua irmã nos primórdios do mundo e dos nove filhos nascidos da união proibida. São terrivelmente feios, de uma feiura não menos cômica do que repugnante. Além do mais, são "como crianças": hesitantes, retardatários, sem vigor sexual. Podem entregar-se às exibições obscenas, pois, como dizem, "Isso não tem importância, são como crianças". Cada um deles tem uma personalidade distinta da qual deriva um comportamento cômico particular, sempre o mesmo. Assim, Pilaschiwanni é o covarde, está sempre fingindo que tem medo. Kalutsi supostamente está sempre sedento. Muyapona, fingindo acreditar que é invisível, esconde-se atrás de qualquer objeto minúsculo, e tem uma boca oval, duas protuberâncias no lugar das orelhas, uma outra sobre a testa e dois cornos. Posuki está sempre rindo, e tem uma boca vertical e várias protuberâncias sobre o rosto. Nabashi, ao contrário, está sempre triste, sua boca e seus olhos são salientes, e tem uma enorme verruga sobre o crânio. O grupo se apresenta, portanto, como uma trupe de palhaços identificáveis.

Feiticeiros e profetas, aqueles que os encarnam e se escondem por trás de máscaras horríveis e deformadas, são submetidos a jejuns rigorosos e a inúmeras penitências. Por isso estima-se que aqueles que aceitam ser Koyemshis se dedicam ao bem comum. São temidos durante o tempo em que estão mascarados. Quem lhes recusa um dom ou um serviço arrisca grandes infortúnios. No fim da Shalako, a mais importante de todas as festas, todo o vilarejo lhes oferece inúmeros presentes, alimentos, roupas e dinheiro, que em seguida eles expõem solenemente. Durante as cerimônias, zombam dos outros deuses, organizam jogos de adivinhações, lançam brincadeiras grosseiras, fazem mil atrapalhadas e debocham da assistência, recriminando um por sua avareza, comentando os infortúnios conjugais de um segundo, ridicularizando um terceiro que se orgulha de viver como os brancos. Este comportamento é estritamente litúrgico.

Não deixa de ser notável e significativo que, entre os zuñis e os navajos, quer se trate dos deuses que parodiam ou dos outros, os personagens mascarados não estão sujeitos às crises de possessão e sua identidade não está de forma alguma dissimulada. Todos sabem que são parentes e amigos fantasiados. Embora todos respeitem e temam os espíritos por eles representados, em nenhum momento são considerados como os próprios deuses. A teologia o confirma. Conta que antigamente os Katchinas vinham em pessoa entre os homens para assegurar-lhes a prosperidade, mas sempre levavam um certo número deles – extasiados ou obrigados – ao País da Morte. Vendo as consequências funestas das visitas que, no entanto, desejavam benéficas, os deuses mascarados decidiram não mais se apresentar fisicamente entre os vivos, mas se tornar presentes somente em espírito. Pediram que os zuñis confeccionassem máscaras semelhantes as suas, e prometeram vir habitar os simulacros que deles seriam feitos. Dessa maneira, a combinação do segredo, do mistério e do terror, do êxtase e da mímica, do torpor e da angústia que, como vimos, é tão poderosa e tão comum nas outras sociedades, encontra-se aqui dissociada. Há a mascarada sem possessão, e o ritual mágico evolui para a cerimônia e o espetáculo. A *mimicry*, decididamente, vence o *ilinx*, em lugar de ter a missão subalterna de nele se introduzir.

Há ainda mais um detalhe que aumenta a semelhança entre o Augusto ou os palhaços dos circos e os deuses que parodiam. A qualquer momento, jogam-lhes água e o público morre de rir ao vê-los assim ensopados e completamente amedrontados com o inesperado dilúvio. No solstício de verão, do alto dos terraços, as mulheres zuñis jogam água sobre os Koyemshis depois de estes terem visitado todas as casas do vilarejo, e os navajos explicam os andrajos de Tonenili dizendo que bastam para vestir bem alguém que vai ser molhado[57].

Quer tenha ou não filiação, a mitologia e o circo se encontram para revelar um aspecto particular da *mimicry*, cuja função social não se pode contestar: a sátira. Claro, compartilha este aspecto com a caricatura, a epigrama e a canção, com os bufões que acompanhavam com suas zombarias os vencedores e os monarcas. Convém, sem dúvida, perceber neste conjunto de instituições tão diversas e tão comuns, inspirado, no entanto, por um desejo idêntico, a expressão de uma mesma necessidade de equilíbrio. Um excesso de majestade requer uma contrapartida grotesca. Pois é possível que a reverência ou a piedade popular, as homenagens aos grandes, as honras devidas ao poder supremo transtornem perigosamente a cabeça de quem assume o cargo ou reveste a máscara de um deus.

---

57 Para a descrição dos ritos navajos e zuñis, segui a descrição de CAZENAVE, J. *Les dieux dansent à Cíbola*. Paris, 1957, p. 73-75, 119, 168-173, 196-200.

Os fiéis não consentem em ficar totalmente fascinados nem deixam de considerar perigoso o frenesi que pode se apoderar do ídolo maravilhado com sua própria grandeza. Neste novo papel, a *mimicry* não é o trampolim da vertigem, mas uma precaução contra ela. Se o salto decisivo e difícil, se a estreita porta que dá acesso à civilização e à história (a um progresso, a um futuro) coincide com a substituição, como fundamentos da vida coletiva, das normas da *alea* e do *agôn* pelos prestígios da *mimicry* e do *ilinx*, certamente convém buscar graças a qual felicidade misteriosa e altamente improvável certas sociedades conseguiram romper o círculo infernal em que a aliança do simulacro e da vertigem as encerrava.

Mais de um caminho, certamente, protege o homem do inquietante fascínio. Vimos, na Lacedemônia, o feiticeiro tornar-se legislador e pedagogo, o bando mascarado dos homens-lobo evoluir para polícia política, e o frenesi, um belo dia, tornar-se instituição. Aqui é outra abertura que vemos surgir, mais fecunda, mais propícia ao desenvolvimento da graça, da liberdade e da invenção, orientada em todo caso para o equilíbrio, o desapego, a ironia, e não para a busca de uma dominação implacável e, quem sabe, por sua vez, vertiginosa. No fim da evolução talvez nos apercebamos de súbito que em certos casos, que aparentemente foram casos privilegiados, a primeira fissura destinada após mil vicissitudes a arruinar a colisão todo-poderosa do simulacro e da vertigem, não fosse outra que esta estranha inovação, quase imperceptível, aparentemente absurda, sacrílega sem dúvida, é: a introdução no grupo das máscaras divinas de personagens de igual posição e de mesma autoridade, encarregados de parodiar suas mímicas encantadoras, de temperar pelo riso o que, sem este antídoto, resultava fatalmente no transe e na hipnose.

Complementos

Importância dos jogos de azar

Mesmo em uma civilização de tipo industrial, apoiada no valor do trabalho, o gosto pelos jogos de azar permanece extremamente poderoso, pois esses propõem o meio exatamente inverso de ganhar dinheiro, ou, segundo a fórmula de Th. Ribot, "o fascínio de adquirir de uma só vez, sem dor, em um instante". O que explica a permanente sedução das loterias, dos cassinos, das apostas mútuas nas corridas de cavalos ou nas partidas de futebol. Esta sedução substitui a paciência e o esforço que rendem pouco, mas infalivelmente, pela miragem de uma fortuna instantânea, pela súbita possibilidade do lazer, da riqueza e do luxo. Para a multidão que trabalha arduamente sem muito acrescentar a um bem-estar dos mais relativos, a chance de um grande prêmio aparece como a única maneira de sair para sempre de uma condição humilhante ou miserável. O jogo ridiculariza o trabalho e representa uma solicitação concorrente que, pelo menos em certos casos, adquire bastante importância para determinar em parte o estilo de vida de toda uma sociedade.

Estas considerações, embora às vezes levem a atribuir aos jogos de azar uma função econômica ou social, não provam, no entanto, sua fecundidade cultural. Há suspeitas de que desenvolvam a preguiça, o fatalismo e a superstição. Dizem que o estudo de suas leis contribuiu para dar origem ao cálculo das probabilidades, à topologia, à teoria dos jogos estratégicos. Mas nem por isso imaginamos que sejam capazes de fornecer o modelo de uma representação do mundo ou, quem sabe, de ordenar às cegas uma espécie de saber enciclopédico embrionário. No entanto, o fatalismo e o rigoroso determinismo, na medida em que negam o livre-arbítrio e a responsabilidade, concebem o universo como uma gigantesca loteria generalizada, obrigatória e incessante, onde cada prêmio – inevitável – só traz a possibilidade, ou seja, a necessidade, de participar do sorteio seguinte, e assim por diante infinitamente[58]. Além do mais, entre populações relativamente desocupadas, cujo trabalho, de todo modo, está longe de absorver a energia disponível e em que não regula o conjunto da existência cotidiana, é comum que os jogos de azar adquiram uma importância cultural inesperada que influencia igualmente a arte, a ética, a economia e até mesmo o saber.

Acabo me perguntando se tal fenômeno não é característico das sociedades intermediárias que não são mais governadas pelas forças conjugadas da máscara e da posses-

---

58 É o que se destaca da parábola de Jorge Luis Borges intitulada *La loterie de Babylone* (In: *Fictions*. Trad. franc. Paris, 1951, p. 82-93).

são, ou, quem sabe, da pantomima e do êxtase, e que ainda não acederam a uma vida coletiva fundada em instituições em que a concorrência regrada e a competição organizada desempenham um papel essencial. É bem possível que populações se encontrem repentinamente arrancadas ao domínio do simulacro e do transe pelo contato ou pela dominação de povos que há muito tempo, graças a uma lenta e difícil evolução, libertaram-se da hipoteca infernal. As populações então submetidas às suas leis inéditas não estão de forma alguma preparadas para adotá-las. O salto é demasiado brusco. Neste caso, não é o *agôn*, mas a *alea* que impõe seu estilo à sociedade em transformação. Remeter-se à decisão do destino agrada à indolência e à impaciência desses seres, cujos valores fundamentais não têm mais direito de existir. E mais, pelo intermédio da superstição e das magias que garantem a sorte e a benevolência das potências, esta norma indiscutível e simples as religa às suas tradições e as devolve, em parte, ao seu mundo original.

Por isso os jogos de azar adquirem subitamente, nestas condições, uma importância inesperada. Tendem a substituir o trabalho, ainda que o clima pouco colabore e que a preocupação de se alimentar, de se vestir e de se abrigar não obrigue, como em outros lugares, o mais pobre a uma atividade regular. Uma multidão flutuante não tem necessidades excessivamente exigentes. Vive o dia a dia. É tutelada por uma administração da qual não participa. Em lugar de se submeter à disciplina de um trabalho monótono e desagradável, entrega-se ao jogo. Este acaba por organizar as crenças e o saber, os hábitos e as ambições dessas pessoas despreocupadas e apaixonadas, que não têm mais a preocupação de se governar e para quem, no entanto, permanece extremamente difícil agregar-se a esta sociedade de um outro tipo, em margem da qual podem vegetar como eternas crianças.

Apresento uma rápida descrição de alguns exemplos desta singular prosperidade dos jogos de azar, quando se tornam então hábito, regra e segunda natureza. Informam sobre o estilo de vida de toda uma população, pois ninguém parece resistir ao contágio. Começo por um caso em que não há mistura de populações e na qual a cultura considerada ainda permanece impregnada dos antigos valores. Existe um jogo muito comum no sul da República dos Camarões e no norte do Gabão. É jogado com a ajuda de dados talhados a faca na semente excepcionalmente dura, com consistência de osso, de uma árvore que fornece um óleo mais apreciado do que o de palma (*Baillonella Toxisperma Pierre*, sin. *Mimusops Djave*). Os dados têm apenas duas faces. Sobre uma delas é talhado um símbolo cuja força deve vencer a dos emblemas concorrentes.

Estes emblemas são inúmeros e variados. Constituem uma espécie de enciclopédia pela imagem. Uns representam personagens, ou congelados em uma atitude hierática, ou em pleno drama, ou entregues às múltiplas ocupações da vida cotidiana: uma criança ensina um papagaio a falar, uma mulher pega uma ave para seu jantar, um homem é atacado por uma cobra, um outro carrega seu fuzil, três mulheres trabalham a terra etc. Esculpidos em outros dados, alguns ideogramas representam diversas plantas, os órgãos genitais da mulher, o céu noturno com a lua e as estrelas. Os animais – mamíferos, pássaros, répteis, peixes e insetos – são abundantemente reproduzidos. Uma última série de relevos faz alusão aos objetos cobiçados pelo jogador: machados, fuzis, espelhos, tambores, relógios ou máscaras de dança.

Esses dados com emblemas também são amuletos com o poder de ajudar seu proprietário a realizar seus pequenos desejos. Este, em geral, não os guarda em casa, mas deposita-os na mata, suspensos a uma árvore dentro de uma bolsinha. Se necessário, são material de mensagem e suportes de uma linguagem convencional.

Quanto ao próprio jogo, é dos mais simples. Seu princípio é análogo ao do cara ou coroa. Cada jogador faz a mesma aposta: a sorte decide pelo intermédio de sete fragmentos de cabaça que são lançados junto com os dados. Se poucos fragmentos caírem do lado coroa, ganham os jogadores cujos dados também caírem desse mesmo lado (e inversamente). O sucesso alcançado por este jogo foi tanto que as autoridades tiveram de proibi-lo, pois estava na origem das mais graves desordens: os maridos apostavam suas mulheres, os chefes seus subordinados, as rixas eram frequentes e até guerras de clãs eclodiam depois de partidas vivamente disputadas[59].

Trata-se de um jogo rudimentar, sem combinatórias nem transferência de todo o ganho ou parte dele de uma aposta para outra. Contudo, é fácil perceber a que ponto

---

59 DELAROZIÈRE, S.; LUC, G. "Une forme peu connue de l'Expression artistique africaine: l'Abbia". *Études camerounaises*, n. 49-50, set.-dez./1955, p. 3-52. Da mesma forma no Sudão, no país S'onrai, onde os *cauris* – pequenas conchas – servem ao mesmo tempo de dados e de moeda. Cada jogador lança quatro e, se caírem na mesma face, pegam 2.500. Jogam a fortuna, as terras, as esposas. Cf. PROST, A. "Jeux et jouets". *Le monde noir* (n. 8-9 de *Présence africaine*), p. 245.

suas repercussões são importantes na cultura e na vida coletiva onde é valorizado. Mantidas todas as proporções, a riqueza simbólica e enciclopédica dos emblemas é comparável às dos capitéis romanos. No mínimo, desempenha uma função análoga. Além disso, da necessidade de esculpir de forma diferente cada uma das faces do dado, nasceu uma arte do relevo que, no campo plástico, pode ser considerada como a principal expressão das tribos da região. Também chama a atenção que aos dados seja vinculada uma virtude mágica que os liga estreitamente às crenças e às preocupações de seus possuidores. Sobretudo, convém insistir nas destruições provocadas pela paixão do jogo e que, por vezes, parecem ter tomado proporções desastrosas.

Tais características não são de forma alguma episódicas; podem ser encontradas nos casos dos jogos de azar sensivelmente mais complexos que, nas sociedades mistas, exercem uma atração análoga e provocam consequências tão terríveis quanto.

Um exemplo extraordinário é oferecido pelo sucesso da *Charada chinesa* (*Rifa Chiffà*) em Cuba. Esta loteria, "câncer incurável da economia popular", segundo a expressão de Lydia Cabrera, é jogada usando-se uma figura de chinês dividida em 36 setores, aos quais são designados um número igual de símbolos, seres humanos, animais ou alegorias diversas: cavalo, borboleta, marinheiro, freira, tartaruga, caracol, morte, barco a vapor, pedra preciosa (que pode ser interpretada como uma bela mulher), camarão (que é também o sexo masculino), cabra (que é também um negócio desonesto e o órgão sexual feminino), macaco, aranha, cachimbo etc.[60] O banqueiro dispõe de uma série correspondente de estampas de papelão ou de madeira. Sorteia ou pede que sorteiem uma delas, que é então embrulhada em um pedaço de pano e exposta aos olhares dos jogadores. A operação chama-se "enforcar o animal". Em seguida, começa a vender os bilhetes que trazem cada um o caractere chinês que designa esta ou aquela figurinha. Alguns comparsas, durante esse tempo, vão para as ruas anotar as apostas. Na hora marcada, o emblema é desembrulhado e os ganhadores recebem trinta vezes o valor de sua aposta. O banqueiro concede 10% desses lucros aos seus agentes.

O jogo apresenta-se assim como uma variante mais imagética da roleta. Mas enquanto na roleta todas as combinações são possíveis entre os diferentes números, os símbolos da *Rifa Chiffà* são reunidos segundo misteriosas afinidades. De fato, cada um possui ou não um ou vários companheiros e valetes. Assim, o cavalo tem como companheiro a pedra preciosa e o pavão como valete; o peixe grande, o elefante como companheiro e a aranha como valete. A borboleta não tem companheiro, mas a tartaruga é seu valete. Em contrapartida, o camarão tem o cervo como companheiro, mas não tem valete. O cervo tem três companheiros, o camarão, o bode e a aranha, mas não tem valete etc. Aconselha-se, naturalmente, a jogar ao mesmo tempo no símbolo escolhido, seu companheiro e seu valete.

Além disso, os 36 emblemas da loteria estão agrupados em sete séries (*quadrillas*) desiguais: os comerciantes, os

---

60 Os mesmos símbolos se encontram em um jogo de cartas utilizado no México para os jogos a dinheiro e cujo princípio se assemelha ao da loteria.

elegantes, os bêbados, os padres, os mendigos, os cavaleiros e as mulheres. Novamente, os princípios que presidiram à repartição parecem cada vez mais obscuros: a série dos padres é composta, por exemplo, do peixe grande, da tartaruga, do cachimbo, da enguia, do galo, da freira e do gato; a dos bêbados, da morte, do caracol, do pavão e do peixinho. O universo do jogo é regido por esta estranha classificação. No início de cada partida, depois de ter "enforcado o animal", o banqueiro enuncia uma adivinhação (*charada*) destinada a guiar (ou a confundir) os participantes. Trata-se de uma frase deliberadamente equívoca do seguinte tipo: "Um homem a cavalo caminha muito lentamente. Não é bobo, mas está bêbado e junto com seu companheiro ganha muito dinheiro"[61]. O jogador presume então que deve apostar na série dos bêbados ou na dos cavaleiros. Também pode fazê-lo no animal que comanda uma ou outra. Mas, sem dúvida, a chave da charada é oferecida por uma palavra que não foi tão claramente designada.

Em outra ocasião, o banqueiro declara: "Quero te fazer um favor. O elefante mata o porco. O tigre o expõe. O cervo vai vendê-lo e leva o pacote". Um velho jogador explica que basta pensar um pouco: "O sapo é feiticeiro. O cervo é o assistente do feiticeiro. Leva o pacote maléfico. Este contém o feitiço feito por um inimigo contra alguém. Neste caso, o tigre contra o elefante. O cervo *sai* com o pacote. Vai depositá-lo onde o feiticeiro lhe disse. Não é evidente? Bela jogada! As pessoas ganham com o 31, o cervo, porque o cervo sai correndo".

---

61 ROCHE, R. *La policia y sus misterios en Cuba*. La Havane, 1014, p. 287-293.

O jogo é de origem chinesa[62]. Na China, uma alusão enigmática aos textos tradicionais fazia o papel da charada. Um letrado, após o sorteio, apoiando-se nas citações, tinha a missão de justificar a verdadeira solução. Em Cuba, é o conhecimento do conjunto das crenças dos negros que é necessário para a interpretação correta das charadas. O banqueiro anuncia: "Um pássaro pica e vai embora". Nada mais transparente: os mortos voam; a alma de um morto é comparável a um pássaro porque pode se introduzir onde quiser sob a forma de uma coruja; existem almas sofredoras, famintas e rancorosas. "Pica e vai embora"; isto é, causa a morte inesperada de um vivo que de nada desconfiava. Convém então jogar no número 8, o morto.

O "cão que morde tudo" é a língua que ataca e calunia; a "luz que tudo ilumina" é o 11, o galo que canta ao raiar do dia; o "rei que tudo pode", o 2, a borboleta que é também o dinheiro; o "palhaço que se pinta em segredo", o 8, que é o morto recoberto com um lençol branco. Desta vez, a explicação só é válida para os profanos. Na realidade, trata-se do iniciado (*ñampe ou ñañigo muerto*); com efeito, o padre, durante uma cerimônia secreta, traça-lhe com um giz branco sinais rituais sobre o rosto, as mãos, o peito, os braços e as pernas[63].

Uma complicada chave dos sonhos também ajuda a adivinhar o número correto. Suas combinações são infinitas. Os dados da experiência são repartidos entre os números fatídicos. Estes vão até 100, graças a um livro depositado no banco da Charada e que pode ser consultado por telefo-

---

62 Como todos sabem, Havana é, junto com São Francisco, uma das mais importantes aglomerações chinesas fora da China.

63 De um comunicado de Lydia Cabrera.

ne. Este repertório das correspondências ortodoxas acabou criando uma linguagem simbólica considerada como "muito útil de se conhecer para penetrar os mistérios da vida". De todo modo, a imagem geralmente acaba substituindo o número. Na casa do tio de sua mulher, Alejo Carpentier vê um rapaz negro fazendo uma soma: $2 + 9 + 4 + 8 + 3 + 5 = 31$. O rapaz não enuncia os números, mas diz: "Borboleta, mais elefante, mais gato, mais morto, mais marinheiro, mais freira é igual a cervo". Da mesma forma, para significar que 12 dividido por 2 é igual a 6, ele diz: "Prostituta por borboleta dá tartaruga". Os signos e concordâncias do jogo são projetados sobre o conjunto do saber.

A Charada chinesa é muito popular, ainda que proibida pelo artigo 355 do Código Penal de Cuba. Desde 1879, incontáveis protestos foram feitos contra seu malefício. São principalmente os operários que nele arriscam o pouco de dinheiro que possuem e, como diz um autor, que nele perdem até o alimento dos seus. Por necessidade, não jogam muito, mas jogam sempre, pois "enforca-se o animal" de quatro a seis vezes por dia. Trata-se de um jogo em que a fraude é relativamente fácil: como o banqueiro conhece a lista das apostas, nada o impede, por mais inábil que seja, no momento de desembrulhá-lo, de mudar o símbolo no qual as apostas se acumularam perigosamente por um outro, praticamente desprezado[64].

De todo modo, honestos ou desonestos, os banqueiros têm a reputação de fazer fortuna rapidamente. Dizem que, no século XIX, ganhavam até 40 mil pesos por dia; um deles retornou ao seu país com um capital de 200 mil pesos

---

64 ROCHE, R. Op. cit., p. 293.

em ouro. Hoje, estima-se que existem em Havana cinco grandes organizações de Charada e mais de doze pequenas. São jogados *por dia* mais de 100 mil dólares[65].

Na ilha vizinha de Porto Rico, o *Planning Board* em 1957 estimou as somas investidas nos diferentes jogos a 100 milhões de dólares por ano, ou seja, a metade do orçamento da ilha, dos quais 75 milhões de dólares nos jogos legais (loteria do Estado, rinha de galos, corridas de cavalos, roletas etc.). O Relatório declara explicitamente: "Quando o jogo atinge tais proporções, constitui indubitavelmente um sério problema social. Arruína a poupança privada, paralisa os negócios e encoraja a população a colocar sua confiança mais nos ganhos aleatórios do que no trabalho produtivo". Impressionado com essas conclusões, o governador Luiz Muñoz Marin decidiu reforçar a legislação sobre os jogos, a fim de nos próximos dez anos reduzi-los a proporções menos desastrosas para a economia nacional[66].

*

No Brasil, o Jogo do bicho apresenta as mesmas características que a Charada chinesa em Cuba: loteria semi-clandestina de símbolos e de combinações múltiplas, enorme organização, apostas cotidianas absorvendo uma parte importante do pouco de dinheiro de que dispõem as camadas inferiores da população. O jogo brasileiro tem também a vantagem de revelar perfeitamente as relações entre a *alea* e a superstição. Por outro lado, gera consequências tão importantes na ordem econômica que me considero no dever de retomar aqui a descrição feita em uma outra ocasião e em uma outra intenção.

---

65 De um comunicado de Alejo Carpentier e segundo documentos fornecidos por ele.

66 *New York Times*, 6 de outubro de 1957.

Sob sua forma atual, este jogo remonta aproximadamente à década de 1880. Atribui-se sua origem ao hábito do Barão de Drummond de afixar toda semana na entrada do jardim zoológico a efígie de um animal qualquer. O público era convidado a adivinhar qual seria o escolhido, originando assim uma aposta mútua, que sobreviveu a sua causa e que associou para sempre a série dos números às figuras dos animais afixados. O jogo foi logo assimilado à aposta coletiva nos números ganhadores da loteria federal, análogo à *quiniela* dos países vizinhos. Os cem primeiros números foram repartidos em grupos de quatro e atribuídos a 25 animais organizados mais ou menos na ordem alfabética, desde o *avestruz* (números de 1 a 4) até a *vaca* (números de 97 a 00). Desde então, o jogo não sofreu maiores modificações apreciáveis.

As combinações são infinitas: joga-se na unidade, na dezena, na centena ou no milhar, isto é, no último, ou nos dois, três ou quatro últimos números do bilhete ganhador na loteria naquele dia. (Desde que a Loteria Federal não é mais diária, mas semanal, sorteia-se nos outros dias uma falsa loteria, hipotética, sem bilhetes nem prêmios, que serve apenas para desempatar os jogadores do *Bicho*). Além do mais, é também possível jogar simultaneamente em vários animais, isto é, em vários grupos de quatro números, e jogar cada combinação *invertida*, ou seja, apostando não apenas no próprio número, mas em qualquer um composto com os mesmos números. Por exemplo, jogar 327 *invertido* significa que se ganha tanto com 372, 273, 237, 723 e 732. É fácil imaginar que o cálculo dos ganhos, sempre rigorosamente proporcionais aos riscos, não é algo muito simples. Por isso, o conhecimento aprofundado das leis da aritmética espalhou-se entre o povo e aquele que mal sabe ler e escrever resolve com uma segurança e uma rapidez desconcertantes problemas que já exigiram uma atenção prolongada de um matemático pouco acostumado com este tipo de operações.

O Jogo do bicho, aliás, não favorece apenas a prática da aritmética comum. Favorece ainda mais a superstição. Com efeito, está ligado a um sistema de oniromancia que possui seu código, seus clássicos e seus intérpretes qualificados. São os sonhos que informam o jogador sobre o animal que deve ser escolhido. Todavia, nem sempre é indicado jogar no animal com que se sonhou. O mais sensato é folhear antes um bom manual, alguma chave dos sonhos especializada, geralmente intitulada *Interpretação dos sonhos para o Jogo do bicho*. É assim que se aprendem as correspondências oficiais: quem sonha com uma vaca voadora deve jogar na águia, não na vaca; se for com um gato caindo do telhado, deve jogar na borboleta (pois um gato verdadeiro não cai de um telhado); quem sonha com um bastão jogará na cobra (que se ergue como um bastão); quem vê em sonho um cão raivoso jogará no leão (que é bravo como ele) etc. Algumas vezes, a relação permanece obscura: quem sonha com um morto joga no elefante. Outras, a relação pode vir do folclore satírico: quem sonhou com um português deve jogar no burro. Os mais escrupulosos não se contentam com uma correspondência mecânica e consultam adivinhos ou pitonisas que, aplicando seus dons e seu saber ao caso particular que lhes é submetido, sabem tirar deles infalíveis oráculos.

Muitas vezes os animais são deixados de lado: o sonho fornece diretamente o número desejado. Um homem sonha com um de seus amigos, joga seu número de telefone; assiste a um acidente de trânsito, joga no número do carro atingido, no do agente de polícia que interviu ou uma combinação dos dois. Rima e ritmo não são menos importantes do que os sinais do acaso. Segundo uma anedota significativa, um padre ao dar a absolvição a um moribundo pronuncia as palavras rituais: "Jesus, Maria, José". O moribundo se ergue e grita: "Águia, avestruz, jacaré", animais do *bicho* cuja sequência imita vagamente a outra. Uma infinidade de outros exemplos poderia ser dada. Em geral emprega-se toda espécie de adivinhação. Uma empregada derruba um vaso e a água se espalha sobre o chão: ela interpreta a forma da poça pela semelhança com um dos animais do jogo. A habilidade para descobrir as ligações úteis é considerada como um dom precioso. Mais de um brasileiro cita entre suas relações algum caso em que um empregado, tendo se tornado indispensável aos seus patrões por seu talento para descobrir as combinações do bicho ou graças a sua ciência dos presságios, acabou mandando na casa[67].

Teoricamente, o Jogo do bicho é proibido em todos os estados do Brasil. Na verdade, é mais ou menos tolerado dependendo do humor ou do interesse do governador do Estado e, no interior de um mesmo Estado, segundo o capricho ou a política dos dirigentes locais, principalmente do delegado de polícia. Seja como for, perseguido com displicência ou hipocritamente protegido, conserva o sabor do fruto proibido e sua organização permanece clandestina, mesmo quando essa sobriedade não é de forma alguma justificada pela atitude das autoridades competentes. E o mais extraordinário é que a consciência popular, que nem por isso deixa de praticá-lo, parece no entanto considerá-lo como um pecado, decerto um pecado venial e um vício perdoável, análogo ao tabaco, por exemplo; mas, enfim, mesmo jogando, ela persiste misteriosamente em considerá-lo como uma atividade repreensível. Os políticos, que muitas vezes o organizam, que dele se servem ou se beneficiam, não deixam de vituperá-lo em seus discursos. O exército, normalmente moralizador e onde permanece forte a influência de Augusto Comte e do positivismo, não vê o Jogo do bicho com bons olhos. Durante as *macumbas*, sessões de possessão pelos espíritos, muito apreciadas pela população negra, bem como nos disseminados e poderosos círculos espíritas, são expul-

---

67 Além do mais, os empregados domésticos, sendo quase exclusivamente negros ou mestiços, são os intermediários naturais entre os feiticeiros e os sacerdotes dos cultos africanos, e estes, mesmo crendo na eficácia de seus prestígios, recusam-se por respeito humano a entrar em relação com eles.

sos os que pedem às entidades ou às mesas brancas os prognósticos para o bicho. De um polo ao outro do universo espiritual brasileiro, a condenação é geral.

A situação constantemente precária do Jogo do bicho, a reprovação difusa de que ainda é objeto por parte dos seus entusiastas, e, sobretudo, o fato de não poder ser reconhecido oficialmente resultam em uma consequência que raramente deixa de surpreender sua própria clientela: a escrupulosa honestidade dos anotadores de apostas. Nunca um deles, garantem, deu prejuízo de um centavo a sua prática. Com exceção dos jogadores ricos que fazem suas apostas por telefone, cada um, na esquina de uma rua, desliza na mão do apontador um papel dobrado que contém o montante – às vezes considerável – da aposta, a indicação da combinação que deseja jogar e um apelido escolhido para a ocasião. O coletor passa o papel a um parceiro e este a um terceiro, para que em caso de uma batida a polícia nada encontre ao revistar o homem surpreendido em flagrante delito. À noite, ou no dia seguinte, cada ganhador vai ao lugar marcado e pronuncia o nome usado ao entregar seu jogo. No mesmo instante o coletor, transformado em pagador, entrega-lhe discretamente o envelope correspondente a esse nome e contendo exatamente a soma devida ao apostador afortunado.

O jogador não teria nenhum recurso contra o *bicheiro* desonesto, caso encontrasse um. Mas não há. Todos se surpreendem e se admiram que exista mais honestidade nesse jogo suspeito, em que somas tentadoras passam o tempo todo por mãos miseráveis, do que em outros campos, onde os brasileiros habitualmente lamentam um certo relaxamento dos costumes. No entanto, a razão para isso parece clara. É que, sem confiança, este tipo de atividade não poderia absolutamente durar. O dia em que não existir, tudo desaba. Quando nem controle nem reclamação podem existir, a boa-fé não é um luxo, mas uma necessidade.

Segundo as estimativas mais modestas, de 60 a 70% da população do Brasil joga no bicho, e todo dia consagra cerca do centésimo de sua remuneração mensal, de forma que no fim do mês, *caso não ganhe nunca*, o jogo terá engolido nada menos do que 30% desta remuneração. E este é o caso apenas do jogador médio. Já para o jogador inveterado esta proporção é amplamente ultrapassada. Nos casos extremos, destina ao jogo a quase totalidade de sua remuneração, e para suas necessidades vive como parasita ou recorre à pura e simples mendicância.

Por isso não é nenhuma surpresa se, apesar da proibição legal que pesa sobre ele, o Jogo do bicho representa uma força ou uma fonte que os poderes públicos acabam levando em consideração. Certa vez, prisioneiros políticos reivindicaram o direito de jogá-lo na penitenciária onde estavam detidos, e conseguiram. O Departamento de Assistência Social do Estado de São Paulo, criado sem orçamento em 1931, funcionou por muito tempo apenas com os subsídios dados pelos chefes locais do bicho. Esses subsídios bastavam para manter inúmeros funcionários e responder às incessantes reivindicações dos necessitados. A organização do jogo é muito hierarquizada: os que estão na chefia obtêm enormes lucros e, geralmente, não se fazem de rogados para subvencionar sem distinção de partido os homens políticos dos quais esperam, em contrapartida, uma atitude tolerante em relação a sua atividade.

Por mais importantes que pareçam as consequências morais, culturais ou mesmo políticas do Jogo do bicho, é principalmente sua significação econômica que convém perceber. Praticamente, ele imobiliza, *ao fazê-la circular rápido demais*, uma parte considerável do numerário disponível, que não é assim aplicada no desenvolvimento econômico da nação ou na melhoria do nível de vida de seus habitantes. O dinheiro consagrado ao jogo não serve para comprar um imóvel, ou ainda algum alimento suplementar, e são empregos que teriam como consequência acelerar a expansão da agricultura, do comércio ou da indústria do país. É sacrificado inutilmente, retirado da circulação geral para uma circulação constante e rápida em circuito fechado, pois os ganhos são raramente retirados do círculo infernal. Retornam ao jogo, exceto, se for o caso, a parte retirada para os gastos de um inocente jantar. Apenas os lucros dos banqueiros e dos organizadores do bicho correm o risco de retornar ao circuito da economia geral. E ainda é possível pensar que esta não é a maneira mais produtiva para essa economia. Contudo, um afluxo contínuo de dinheiro novo mantém ou aumenta o total das somas apostadas e reduz na mesma intensidade as possibilidades de poupança ou de investimento[68].

*

Vemos que, em certas condições, os jogos de azar apresentam a importância cultural cujo monopólio é comumente detido pelos jogos de competição. Mesmo nas sociedades onde o mérito deveria reinar de forma absoluta, as seduções da sorte, como vimos, não são menos sentidas. Embora objetos de suspeitas, conservam um papel importante, na verdade mais espetacular do que decisivo. No plano dos jogos, em todo caso, a *alea* em competição com o *agôn*, e muitas vezes em composição com ele, comanda enormes manifestações, equilibra o *Tour de France* pela loteria nacional, constrói cassinos assim como o esporte constrói estádios, incentiva associações e clubes, franco-maçonarias de iniciados e de devotos, alimenta uma imprensa especializada, provoca investimentos não menos importantes.

Revela-se, então, uma estranha simetria, pois enquanto o esporte é geralmente o objeto de subvenções governa-

---

68 CAILLOIS, R. *Instincts et société*. Paris, 1964, cap. V, "L'Usage des richesses", p. 130-151.

mentais, os jogos de azar, na medida em que o Estado os controla, contribuem para alimentar seu caixa. Às vezes, oferecem-lhe até mesmo seus principais recursos. A sorte, mesmo criticada, humilhada, condenada, mantém assim o direito de existência nas sociedades mais racionais e administrativas, aquelas que estão mais distantes dos prestígios conjugados do simulacro e da vertigem. A razão para isso é fácil de descobrir.

Vertigem e simulacro são por natureza absolutamente rebeldes a qualquer espécie de código, de medida e de organização. Em contrapartida, a *alea*, como o *agôn*, exige o cálculo e a regra. Mas em nenhum momento sua solidariedade essencial impede a competição entre eles. Os princípios que representam são demasiado opostos para não tenderem a se excluir mutuamente. O trabalho é evidentemente incompatível com a expectativa passiva do destino, bem como o benefício injusto da fortuna com as reivindicações legítimas do esforço e do mérito. O abandono do simulacro e da vertigem, da máscara e do êxtase nunca significou senão a saída de um universo encantatório e o acesso ao mundo racional da justiça distributiva. Deixa problemas a serem resolvidos.

Em tal situação, o *agôn* e a *alea* certamente representam os princípios contraditórios e complementares do novo tipo de sociedade. Falta muito, no entanto, para que desempenhem uma função paralela, reconhecida indispensável e excelente em ambos os casos. O *agôn*, princípio da competição justa e da emulação fecunda, é o único considerado como um valor. O edifício social, em seu conjunto, baseia-se nele. O progresso consiste em desenvolvê-lo e em aperfeiçoar suas condições, isto é: no fundo, eliminar cada vez mais a *alea*. Esta, com efeito, aparece como a resistência oposta pela natureza à perfeita equidade das instituições humanas desejáveis.

E mais: a sorte não é apenas a forma manifesta da injustiça, do benefício gratuito e do demérito. É também a derrisão do trabalho, do labor paciente e dedicado, da poupança, das privações consentidas para o futuro; em resumo, de todas as virtudes necessárias em um mundo voltado para o aumento dos bens, de tal forma que o esforço do legislador tende naturalmente a restringir seu campo e sua influência. Dos diversos princípios do jogo, a competição regrada é o único que pode ser transposto tal qual para o campo da ação e aí se mostrar eficaz, ou mesmo insubstituível. Nesse campo de ação os outros são temidos, ou seja, controlados, ou no máximo tolerados, caso se mantenham no interior dos limites permitidos; são considerados como paixões funestas, como vícios ou como alienações, caso se espalhem pela vida e deixem de se submeter ao isolamento e às regras que os neutralizam.

Sob esse ponto de vista, a *alea* não é exceção. Enquanto representar apenas a passividade das condições naturais, deve-se admiti-la, mesmo a contragosto. Ninguém ignora que o nascimento é uma loteria, mas é sobretudo para lamentar suas escandalosas consequências. Exceto em casos muito raros – como o sorteio dos magistrados na Grécia antiga ou, hoje em dia, o dos jurados dos tribunais –, não se deveria dar ao acaso a mínima função institucional. Em relação aos assuntos sérios, parece inadmissível remeter-se a sua decisão. A opinião unânime admite como uma evidência, que nem é sequer contestada, que o trabalho, o mérito, a competência, e não o capricho do lance de dados, são os fundamentos ao mesmo tempo da justiça necessária e do próspero desenvolvimento da vida coletiva. Em consequência, o trabalho tende a ser considerado como a única fonte honrada de remunerações. A própria herança, oriunda da *alea* fundamental do nascimento, é discutida, por vezes abolida, quase sempre submetida a importantes impostos, cujo produto beneficia toda a sociedade. Quanto ao dinheiro ganho no jogo ou na loteria, ele deve em princípio constituir apenas um complemento ou um luxo, que se soma ao salário ou ao tratamento regularmente recebido pelo jogador em retribuição por sua atividade profissional. Tirar completa ou principalmente sua subsistência da sorte e do acaso é visto por quase todos como suspeito e imoral, se não como desonroso e, de todo modo, como associal.

*

O ideal comunista da administração das sociedades leva esse princípio ao extremo. É possível discutir se convém, na repartição das receitas do Estado, conceder a cada um segundo seus méritos ou segundo suas necessidades, mas é certo que nada poderia ser consentido segundo seu nascimento ou sua sorte. Pois não se deve vilipendiar nem a igualdade nem o esforço. O trabalho fornecido é a medida da justiça. Conclui-se com isso que a tendência natural de um regime de inspiração socialista ou comunista é a de se basear inteiramente no *agôn*: ao fazê-lo, satisfaz seus princípios de equidade abstrata e, ao mesmo tempo, presume estimular, pela melhor utilização possível das capacidades e das competências, de maneira racional, portanto eficaz, essa produção acelerada dos bens, onde vê sua vocação principal, se não exclusiva. Todo o problema resume-se então em saber se a eliminação completa da esperança de uma sorte grandiosa, fora de série, irregular e feérica é economicamente produtiva ou se o Estado não se priva, ao reprimir esse instinto, de uma fonte generosa e insubstituível de receitas transformáveis em energia.

No Brasil, onde o jogo é rei, a poupança é a mais baixa. É o país da especulação e da sorte. Na ex-URSS, os jogos de azar eram proibidos e perseguidos, ao passo que a poupança era fortemente encorajada para permitir a expansão do mercado interno. Trata-se de estimular os operários a economizar o bastante para que possam comprar carros, geladeiras, aparelhos de televisão e tudo o que o desenvolvimento da indústria permite. A loteria, sob qualquer forma, é considerada como imoral. Mas é ainda mais significativo constatar que o Estado, que a proíbe no privado, introduziu-a precisamente na própria poupança.

Existiam na Rússia cerca de 50 mil caixas de poupança, nas quais a soma dos depósitos alcançava 50 bilhões de rublos. Esses depósitos rendiam 3%, quando não eram retirados da conta durante pelo menos seis meses, e 2% no caso inverso. Mas, se o depositante desejasse, poderia renunciar ao lucro previsto e participar de um sorteio realizado duas vezes por ano, em que prêmios que variam segundo o montante das somas consignadas oferecem uma recompensa iníqua aos 25 ganhadores sem mérito, a cada mil participantes desta estranha e modesta ressurgência da *alea* em uma economia concebida para excluí-la. E mais:

os empréstimos do Estado, que por muito tempo todo assalariado foi praticamente obrigado a subscrever, ofereciam prêmios cuja totalidade representava 2% do capital disponível assim recuperado. Para o empréstimo de 1954, esses prêmios variavam de 400 a 50 mil rublos, repartidos em 100 mil séries de 50 obrigações cada uma. Entre essas séries, 42 eram sorteadas e todas as obrigações que a compunham ganhavam um prêmio mínimo de 400 rublos. Em seguida sorteavam-se prêmios mais importantes, dos quais 24 de 10 mil rublos, cinco de 25 mil e dois de 50 mil[69], equivalentes respectivamente à cotação oficial, aliás sobrevalorizada, aos prêmios de um, dois e meio e cinco milhões de francos.

*

É sem dúvida essa sedução persistente da sorte que os sistemas econômicos, por natureza, mais abominam, embora devam, no entanto, consentir-lhe um lugar, ainda que restrito, disfarçado e de certa forma vergonhoso. O arbitrário do destino permanece, com efeito, a contrapartida necessária da competição regrada. Esta estabelece, sem discussão possível, o triunfo decisivo de toda superioridade mensurável. A perspectiva de um benefício não merecido reconforta o vencido e lhe deixa uma última esperança. Foi derrotado em um combate leal. Para explicar seu fracasso, não poderia invocar qualquer injustiça. As condições de partida eram as mesmas para todos. Pode apenas reclamar de sua incapacidade. Nada mais teria a esperar se não lhe restasse, para equilibrar sua humilhação, a compensação,

---

69 Cf. FRANZEN, G. "Les banques et l'épargne en URSS". In: *l'Epargne du monde*. Amsterdã, n. 5, 1956, p. 193-197, reproduzido de *Svensk Sparbankstidskrift*. Estocolmo, n. 6, 1956.

aliás infinitamente improvável, de um sorriso gratuito das potências fantásticas do destino, inacessíveis, cegas, implacáveis, mas que, por felicidade, ignoram a justiça.

Da pedagogia à matemática

O mundo dos jogos é tão variado e tão complexo que existem inúmeras maneiras de abordar seu estudo. A psicologia, a sociologia, a história anedótica, a pedagogia e a matemática dividem um campo cuja unidade acaba não sendo mais perceptível. Não apenas obras como *Homo ludens*, de Huizinga; *Jeu de l'enfant*, de Jean Chateau, e *Theory of games and economy behavior*, de Neumann e Morgenstern, não se dirigem aos mesmos leitores, como parece que não tratam de um mesmo assunto. No fim, perguntamo-nos em que medida nos aproveitamos das facilidades ou das contingências do vocabulário se continuarmos imaginando que pesquisas diferentes e quase incompatíveis dizem, no fundo, respeito a uma mesma atividade específica. Chegamos a duvidar que algumas características comuns permitem definir o jogo e que este possa em consequência ser legitimamente o objeto de um trabalho de conjunto.

Embora, na experiência cotidiana, o campo do jogo ainda conserve sua autonomia, manifestamente a perdeu para a investigação acadêmica. Não se trata apenas de abordagens diferentes, devidas à diversidade das disciplinas. Os dados estudados sob o nome de jogos são sempre tão heterogêneos, que somos levados a presumir que a palavra *jogo* talvez seja um simples artifício que, por sua generalidade enganadora, alimenta ilusões tenazes sobre o suposto parentesco de condutas díspares.

Não deixa de ser interessante mostrar quais abordagens, às vezes quais acasos, resultaram em uma fragmentação tão paradoxal. De fato, a estranha divisão vem desde o início. Quem brinca de pula-sela, de dominó ou de empinar pipa sabe que nos três casos está brincando. Mas apenas os psicólogos da infância se interessam pela pula-sela (ou pela barra-manteiga, ou pelas bolas de gude), apenas os sociólogos por empinar pipa, e apenas os matemáticos pelo dominó (ou pela roleta, ou pelo pôquer). Considero normal que estes últimos não se interessem pela cabra-cega ou pelo pega-pega, que não se prestam às equações. Mal compreendo, no entanto, que Jean Chateau ignore o dominó e a pipa; pergunto-me em vão por que os historiadores e os sociólogos se recusam de fato aos estudos dos jogos de azar. Para ser mais exato, se não compreendo bem neste último exemplo a razão que justifica tal ostracismo, suspeito, em contrapartida, dos motivos que o provocaram. Como veremos, devem-se em grande parte aos preconceitos – biológicos ou pedagógicos – dos acadêmicos que se interessam pelo estudo dos jogos. Este – caso se deixe de lado a história anedótica, que se ocupa, aliás, dos brinquedos mais do que dos jogos – beneficia-se dessa maneira dos trabalhos de disciplinas independentes, principalmente da

Psicologia e da Matemática, cujas principais contribuições convém examinar alternadamente.

1) Análises psicopedagógicas

Schiller é certamente um dos primeiros, talvez mesmo o primeiro, que destacou a importância excepcional do jogo para a história da cultura. Na décima quinta de suas *Lettres sur l'éducation esthétique de l'homme* escreve: "De uma vez por todas e para encerrar o assunto, o homem só joga quando é homem em sua plena significação e só é homem completo quando joga". E mais: no mesmo texto, já imagina que dos jogos seja possível tirar uma espécie de diagnóstico caracterizador das diferentes culturas. Estima que, ao comparar "as corridas de Londres, as touradas de Madri, os espetáculos da Paris antiga, as regatas de Veneza, as rinhas de animais de Viena e a vida alegre do Corso em Roma", não deve ser difícil determinar "as nuanças do gosto entre esses povos diversos"[70].

Mas, ocupado em extrair do jogo a essência da arte, passa adiante e se contenta assim com pressentir a sociologia dos jogos que sua frase faz entrever. Não importa. A questão não deixa de ser colocada, e o jogo de ser levado a sério. Schiller insiste na exuberância alegre do jogador e na liberdade constantemente deixada a sua escolha. O jogo e a arte nascem de um excesso de energia vital, da qual o homem ou a criança não precisam para a satisfação de suas necessidades imediatas e que usam para a imitação gratuita e agradável de comportamentos reais. "Os saltos

---

70 *Briefen über ästhetiche Erziehung des Menschen*. Trad. franc. em Fr. v. Shiller. *Oeuvres*, tomo VIII, "Esthétique". Paris, 1862. Cf. tb. as cartas 14, 16, 20, 26 e 27.

desordenados da alegria tornam-se a dança". E Spencer acrescenta: "O jogo é uma dramatização da atividade dos adultos". E Wundt, erroneamente mais decidido e mais categórico: "O jogo é o filho do trabalho. Não há forma de jogo que não encontre seu modelo em uma ocupação séria qualquer, modelo que lhe é igualmente anterior" (*Ethik*, 1886, p. 145). A receita fez fortuna. Por ela seduzidos, etnógrafos e historiadores se dedicaram, com um sucesso variável, a mostrar nos jogos das crianças as sobrevivências de alguma prática religiosa ou mágica caída em desuso.

A ideia da liberdade e da gratuidade do jogo foi retomada por Karl Groos em sua obra *Die Spiele der Tiere* (Iena, 1896). O autor distingue essencialmente no jogo a alegria de ser e de permanecer causa. Explica-o pelo poder de interromper a qualquer momento e livremente a atividade iniciada. Define-o, enfim, como uma empreitada pura, sem passado nem futuro, subtraída à pressão e às coerções do mundo. O jogo é uma criação da qual o jogador continua mestre. Afastado da severa realidade, aparece como um universo que tem sua finalidade em si mesmo e que só existe enquanto for voluntariamente aceito. Como, no entanto, estudou primeiro os animais (mesmo que já pensasse no homem), K. Groos foi levado, quando anos mais tarde se dedicou ao estudo dos jogos humanos (*Die Spiele der Menschen*, Iena, 1889), a insistir sobre seus aspectos instintivos e espontâneos e a negligenciar as combinações puramente intelectuais nas quais consistem em inúmeros casos.

E mais: também concebeu os jogos do animal jovem como uma espécie de alegre treinamento para sua vida adulta. Por um extraordinário paradoxo, Groos acabou vendo no jogo a razão de ser da juventude: "Os animais não brincam porque são jovens, são jovens porque devem brincar"[71]. Por essa razão, esforçou-se em mostrar como a atividade de jogo garante aos animais jovens um maior domínio para perseguir suas presas ou para escapar de seus inimigos, como os acostuma a lutar entre si prevendo o momento em que a rivalidade para a posse da fêmea os oporá verdadeiramente. E acabou concebendo uma engenhosa classificação dos jogos, muito adequada ao seu objeto, mas que infelizmente teve como primeira consequência direcionar para uma repartição paralela os estudos dos jogos humanos aos quais em seguida se dedicou. Distingue então a atividade de jogo: a) do aparelho sensorial (experimentação do tato, da temperatura, do paladar, do olfato, da audição, das cores, das formas, dos movimentos etc.); b) do aparelho motor (tateamento, destruição e análise, construção e síntese, jogos de paciência, lance simples, lance batendo ou empurrando, impulso para fazer rolar, girar ou deslizar, lançar para um objetivo, pegar objetos em movimento); c) da inteligência, do sentimento e da vontade (jogos de reconhecimento, de memória, de imaginação, de atenção, de razão, de surpresa, de medo etc.). Passa em seguida às tendências por ele chamadas de segundo grau, aquelas que dependem do instinto do combate, do instinto sexual e do instinto de imitação.

Este longo repertório mostra muito bem como todas as sensações ou emoções que o homem pode experimentar, como todos os gestos que pode realizar, como todas

---

71 *Die Spiele der Tiere.* Trad. franc. *Les jeux des animaux.* Paris, 1902, p. V e 62-69.

as operações mentais que é capaz de efetuar dão origem aos jogos, mas não projeta nenhuma luz sobre estes, não informa nem sobre sua natureza nem sobre sua estrutura. Groos não se preocupa com reagrupá-los segundo suas afinidades características, nem parece perceber que a maior parte deles envolve vários sentidos ou várias funções ao mesmo tempo. No fundo, contenta-se em reparti-los segundo o sumário dos tratados de psicologia valorizados em sua época ou talvez se limite a mostrar como os sentidos e as faculdades do homem comportam igualmente um modo de ação desinteressado, sem utilidade imediata, que, por isso, pertence ao campo do jogo e serve unicamente para preparar o indivíduo às suas tarefas futuras. Mais uma vez os jogos de azar encontram-se eliminados e o autor nem mesmo percebe que os está descartando. De um lado, não os encontrou nos animais e, de outro, não há tarefa séria para a qual eles preparam.

Após a leitura das obras de Karl Groos, poderíamos continuar ignorando, ou pouco falta para isso, que um jogo muitas vezes comporta, talvez necessariamente, regras, e mesmo regras de uma natureza muito particular, pois arbitrárias, imperiosas, válidas em um tempo e em um espaço previamente determinados. Não se esqueçam de que pertence a J. Huizinga o mérito de ter insistido sobre esta última característica e de ter mostrado sua excepcional fertilidade para o desenvolvimento da cultura. Antes dele, Jean Piaget, em duas conferências realizadas em 1930 no Instituto Jean-Jacques Rousseau em Genebra, insistira categoricamente na oposição, para a criança, dos jogos de ficção e dos jogos de regra. Por outro lado, também não se esqueçam da importância que ele atribui, muito justamente, ao respeito da regra do jogo pela criança para a formação moral desta.

Mais uma vez, nem Piaget nem Huizinga atribuem o menor lugar aos jogos de azar, os quais estão igualmente excluídos das extraordinárias pesquisas de Jean Chateau[72]. Por certo, Piaget e Chateau tratam apenas dos jogos das crianças[73] e, ainda é preciso deixar claro, dos jogos de certas crianças do oeste da Europa na primeira metade do século XX e, principalmente, dos jogos que essas crianças jogam na escola, durante o recreio. Fica claro que uma espécie de fatalidade continua descartando os jogos de azar, que certamente não são encorajados pelos educadores. Contudo, ainda que deixemos de lado os dados, os jogos de tabuleiro, o dominó e as cartas, que J. Chateau descarta como jogos de adultos, em que as crianças seriam apenas levadas a jogar pela família, restam as bolinhas de gude, que nem sempre são jogos de destreza.

---

72 *Le réel et l'imaginaire dans le jeu de l'enfant.* 2. ed. Paris, 1955. • *Le jeu de l'enfant, introduction à la pédagogie.* Nova edição aumentada. Paris, 1955.

73 Os jogos complexos dos adultos também chamaram a atenção dos psicólogos. Existem vários estudos, particularmente sobre a psicologia dos campeões de xadrez. Para o futebol, convém citar as análises de G.T.W. Patrick (1903), M.G. Hartgenbusch (1926), R.W. Pickford (1940), M. Merleau-Ponty (em *La Structure du comportement*, 1942). As conclusões são discutidas no estudo de BUYTENDIJK, F.J.J. *Le Football*. Paris, 1952. Esses trabalhos, bem como aqueles que são consagrados à psicologia dos jogadores de xadrez (e que explicam, p. ex., que os que percebem no louco e na torre não *figuras* determinadas, mas uma *força* oblíqua ou uma *força* retilínea), informam sobre o comportamento de um jogador, assim como o jogo o determina, mas não sobre a natureza do próprio jogo. Sob este ponto de vista, sensivelmente mais instrutivo é o substancial artigo de Renel Denney e David Riesnan: *Football in America* (traduzido em *Profils*, n. 13, outono de 1955, p. 5-32). Ele mostra principalmente como de um erro adaptado às novas necessidades ou a um novo meio pode surgir (e mesmo acaba necessariamente saindo) uma nova regra, portanto, um novo jogo.

De fato, as bolinhas de gude apresentam a particularidade de serem ao mesmo tempo instrumento e aposta. Os jogadores ganham-nas ou perdem-nas. Por isso se tornam rapidamente uma verdadeira moeda. São trocadas por doces, canivetes, estilingues[74], apitos, material escolar, uma ajuda nos deveres, troca de um favor, toda espécie de prestações tarifadas. Têm até mesmo um valor diferente dependendo de serem de aço, de cerâmica, de pedra ou de vidro. Talvez as crianças as arrisquem em diferentes jogos de par ou ímpar, como a *mora** que, na escala infantil, é a ocasião de verdadeiros deslocamentos de fortunas. O autor cita pelo menos um desses jogos[75], o que não o impede de eliminar quase totalmente o acaso, ou seja, o risco, a *alea*, a aposta como o motivo do jogo para a criança, com o propósito de insistir mais no caráter essencialmente ativo do prazer que ela sente ao jogar.

Esta escolha não teria consequências funestas se, no fim de seu livro, Jean Chateau não tivesse tentado uma classificação dos jogos que apresenta uma grave lacuna. Ao ignorar deliberadamente os jogos de azar, tal classificação resolve pela omissão uma importante questão: se a criança é sensível ou não à atração da sorte ou se joga pouco os jo-

---

74 Os estilingues estão ausentes dos trabalhos de Chateau que, talvez, confiscasse-os em lugar de observar a psicologia de seu manejo. As crianças estudadas por ele ignoram também o croquet e a pipa, que exigem espaço e acessórios, e não se fantasiam. Mais uma vez, é porque só foram observadas em locais escolares.

* O jogo da mora, também chamado de o jogo dos dedos, é de tradição italiana [N.T.].

75 Citarei apenas um exemplo: o sucesso das miniloterias que são propostas, nos arredores das escolas, pelas doceiras aos alunos na saída das aulas. Por um preço invariável, as crianças sorteiam um bilhete no qual figura o número da guloseima ganha. Nem vale a pena dizer que os comerciantes retardam o máximo possível o momento em que misturam aos outros o bilhete correspondente ao doce tentador que constitui o grande prêmio.

gos de azar *na escola* porque simplesmente esta não tolera tais jogos. Para mim, a resposta não deixa muitas dúvidas: a criança é desde muito cedo sensível à sorte. Resta determinar a partir de que idade e como concilia o veredito do destino, por si só iníquo, com o muito forte e exigente sentimento da justiça que lhe é próprio.

A ambição de Jean Chateau é ao mesmo tempo genética e pedagógica, ou seja, interessa-se primeiro pelas épocas de emergência e de florescimento de cada tipo de jogo. Busca simultaneamente determinar o aporte positivo das diferentes espécies de jogo. Dedica-se a mostrar em que medida os jogos contribuem para a formação da personalidade do futuro adulto. Sob este ponto de vista, não lhe é difícil mostrar, ao contrário de Karl Groos, como o jogo é muito mais uma experiência do que um exercício. A criança não treina para uma tarefa definida. Graças ao jogo, adquire uma maior capacidade para vencer os obstáculos ou enfrentar as dificuldades. Embora não haja nada na vida que evoque o jogo pega-pega, é vantajoso possuir reflexos ao mesmo tempo rápidos e controlados.

De um modo geral, o jogo aparece como educação – sem objetivo previamente determinado – do corpo, do caráter ou da inteligência. Sob este aspecto, quanto mais o jogo se distancia da realidade, mais importante é seu valor educacional. Pois não ensina receitas, desenvolve aptidões.

Mas os jogos de azar puro não desenvolvem no jogador, que permanece essencialmente passivo, nenhuma aptidão física ou intelectual. E é normal que nos inquietemos com suas consequências quanto à moralidade, pois desviam do trabalho e do esforço ao seduzir com a esperança de um ganho súbito e considerável. Esta é – se assim desejarmos – uma razão para bani-los da escola (mas não de uma classificação).

*

Pergunto-me, aliás, se não há razões para avançar o raciocínio ao limite. O jogo só é exercício, ou até mesmo experiência ou desempenho, por acúmulo. As faculdades que desenvolve certamente se beneficiam deste treino suplementar, que além do mais é livre, intenso, divertido, inventivo e protegido. Mas o jogo nunca tem por função própria o desenvolvimento de uma capacidade. A finalidade do jogo é o próprio jogo. É verdade, no entanto, que as aptidões por ele desenvolvidas são as mesmas que também servem para o estudo e para as atividades sérias do adulto. Se essas capacidades estão adormecidas ou deficientes, a criança não sabe estudar nem jogar, pois não sabe se adaptar a uma nova situação, fixar sua atenção, se submeter a uma disciplina. A esse respeito, as observações de A. Brauner[76] são ainda mais convincentes. O jogo não é de forma alguma um refúgio para deficientes ou anormais. Desencoraja-os tanto quanto o trabalho. Essas crianças ou esses adolescentes desamparados revelam-se incapazes de se dedicar com alguma continuidade ou aplicação tanto a uma atividade de jogo quanto a um aprendizado real. Para elas, o jogo se reduz a um simples prolongamento ocasional do movimento, puro impulso sem controle nem medida ou inteligência (empurrar a bolinha de gude ou a bola com as quais os outros jogam, incomodar, perturbar,

---

76 BRAUNER, A. *Pour en faire des hommes* – Études sur le jeu et le langage chez les enfants inadaptés sociaux. Paris: Sabri, 1956, p. 15-75.

tropeçar etc.). O momento em que o educador consegue lhes transmitir o respeito à regra ou, melhor ainda, o gosto de inventá-las, é o momento em que se curam.

É quase evidente que o gosto de respeitar voluntariamente uma regra acordada é, neste caso, essencial. De fato, J. Chateau, depois de Jean Piaget, reconhece tanto a importância deste dado que em uma primeira aproximação distribui os jogos em regrados e em não regrados. Para o segundo grupo, condensa a exploração de Groos, sem nada lhe acrescentar de muito inédito. Para os jogos regrados, mostra-se um guia muito mais instrutivo. A distinção que estabelece entre os jogos figurativos (imitação e ilusão), objetivos (construção e trabalho) e abstratos (com regra arbitrária, de destreza e, sobretudo, de competição) corresponde com certeza a uma realidade. Assim como ele, também podemos admitir que os jogos figurativos resultam na arte, que os jogos objetivos antecipam o trabalho e que os jogos de competição prenunciam o esporte.

Chateau completa sua classificação com uma categoria que reúne aqueles jogos de competição em que se exige uma certa cooperação, as danças e as cerimônias simuladas em que os movimentos dos participantes devem ser convencionados. Tal grupo não parece muito homogêneo e contradiz justamente o princípio anteriormente estabelecido que opõe os jogos de ilusão aos jogos regrados. Brincar de lavadeira, de vendedora ou de soldado é sempre uma improvisação. Imaginar que se é um doente, um padeiro, um aviador ou um caubói implica uma invenção contínua. Brincar de barra-manteiga ou de pega-pega, sem falar do futebol, do jogo de damas ou do xadrez, supõe, ao contrário, o respeito das regras precisas que permitem determinar o vencedor. Agrupar sob uma mesma rubrica jogos de representação e jogos de competição porque uns e outros pedem uma cooperação entre os jogadores de um mesmo campo, no fundo só se explica pela preocupação do autor em distinguir níveis lúdicos, espécies de faixas etárias: ora trata-se, com efeito, de uma complicação dos jogos de rivalidade simples, baseados na competição, ora de uma complicação simétrica dos jogos figurativos, baseados no simulacro.

Essas duas complicações têm como consequência a intervenção do espírito de equipe, que obriga os jogadores a cooperar, a combinar seus movimentos e a desempenhar um papel em uma manobra conjunta. Mas nem por isso o profundo parentesco permanece manifestamente vertical. J. Chateau sempre vai do simples ao complexo, porque se esforça principalmente em estabelecer estratificações que se harmonizam com a idade das crianças. Mas estas só acabam complicando paralelamente estruturas que permanecem independentes.

Jogos figurativos e jogos de competição correspondem de forma bastante exata àqueles que, em minha classificação, agrupei respectivamente sob os termos de *mimicry* e de *agôn*. Já disse por que os jogos de azar não eram mencionados no quadro de Chateau. Podemos, no entanto, descobrir nesse quadro traços dos jogos de vertigem sob a etiqueta *jogos de arrebatamento*, com os seguintes exemplos: descer correndo uma rampa, gritar a plenos pulmões, brincar de rodopiar, correr (até perder o fôlego)[77]. Cer-

---

77 Apresento os exemplos citados no quadro recapitulativo (p. 104. Em contrapartida, no capítulo correspondente (p. 161-177), o autor joga com os dois sentidos da palavra arrebatamento (conduta louca e cólera) para estudar principalmente as desordens

tamente existem, nessas condutas, esboços, se assim quisermos, dos jogos de vertigem, mas para estes merecerem verdadeiramente o nome de jogos devem se apresentar sob aspectos mais precisos, mais bem determinados, mais adequados à sua própria finalidade, que é a de provocar uma perturbação leve, passageira – e consequentemente agradável – da percepção e do equilíbrio. O tobogã, o balanço ou ainda o *milho de ouro* haitiano são alguns exemplos. Chateau não deixa de se referir ao balanço (p. 298), mas para interpretá-lo como um exercício de vontade contra o medo. Sem dúvida, a vertigem supõe o medo, mais precisamente um sentimento de pânico, mas este último atrai e fascina: é um prazer. É muito menos uma questão de vencer o medo do que experimentar voluptuosamente um medo, um sobressalto, um estupor que fazem perder momentaneamente o autocontrole.

Dessa forma, os jogos de vertigem não são mais bem tratados pelos psicólogos do que os jogos de azar. Huizinga, que reflete sobre os jogos dos adultos, também não lhes concede a mínima atenção. Sem dúvida desdenha-os, pois parece impossível lhes atribuir um valor pedagógico ou cultural. Da invenção ou do respeito das regras, da competição leal, Huizinga depreende toda a civilização ou pouco falta para isso, e J. Chateau, o essencial das virtudes necessárias ao homem para construir sua personalidade. Ninguém coloca em dúvida a fecundidade ética da luta

---

que se produzem no decorrer de um jogo pelo excesso de entusiasmo, de paixão ou de intensidade ou por simples aceleração do ritmo. O jogo acaba se desorganizando. Dessa maneira, a análise define uma modalidade do jogo, ou melhor, um perigo que, em certos casos, o ameaça, mas de forma alguma ela tende a determinar uma categoria específica de jogos.

limitada e regrada, a fecundidade cultural dos jogos de ilusão. Mas a busca da vertigem e da sorte não é bem-vista. Esses jogos parecem estéreis, e até mesmo funestos, maculados por alguma obscura e contagiosa maldição. São considerados como destruidores de costumes. A cultura, segundo todos, consiste muito mais em se defender contra sua sedução do que se beneficiar de suas discutíveis contribuições.

2) Análises matemáticas

Jogos de vertigem e jogos de azar encontram-se implicitamente postos em quarentena pelos sociólogos e educadores. O estudo da vertigem está abandonado aos médicos, o cálculo das probabilidades aos matemáticos.

Essas pesquisas de um novo gênero são certamente indispensáveis, mas desviam a atenção da natureza do jogo. O estudo do funcionamento dos canais semicirculares explica imperfeitamente a moda do balanço, do tobogã, do esqui e das máquinas de vertigem dos parques de diversões, sem contar os exercícios de uma outra ordem, mas que supõem o mesmo *jogo* com as mesmas forças de pânico, como o rodopio dos dervixes do Oriente Médio ou a descida em espiral dos *voladores* mexicanos. Por outro lado, o desenvolvimento do cálculo das probabilidades de forma alguma substitui uma sociologia das loterias, dos cassinos ou dos hipódromos. Os estudos matemáticos também não informam sobre a psicologia do jogador, pois têm o dever de examinar todas as respostas possíveis de uma determinada situação.

Ora o cálculo serve para determinar a margem de segurança do banqueiro, ora para indicar ao jogador a melhor maneira de jogar e, ainda, para lhe indicar antecipadamente os riscos que corre em cada caso. Não devemos nos esquecer de que um problema desse gênero está na origem do cálculo das probabilidades. O Cavaleiro de Méré havia calculado que no jogo de dados, em uma série de 24 lances, embora só existam 21 combinações possíveis, eram maiores as chances de o duplo seis sair do que de não sair. Como a experiência lhe provava o contrário, entrou em contato com Pascal. Esta foi a razão da longa correspondência deste último com Fermat, que abriria um novo caminho à matemática, e que, além do mais, permitiu demonstrar a Méré que, com efeito, era cientificamente vantajoso apostar contra o aparecimento do duplo seis em uma série de 24 lances.

Faz tempo que, paralelamente a seus trabalhos sobre os jogos de azar, os matemáticos realizam pesquisas de um tipo bem diferente. Dedicaram-se aos cálculos de enumeração, em que o acaso nunca intervém, mas que podem ser objeto de uma teoria completa e generalizante. É o caso principalmente dos múltiplos quebra-cabeças conhecidos sob o nome de recreações matemáticas. Mais de uma vez, seu estudo colocou os acadêmicos no caminho de descobertas importantes. Como, por exemplo, o problema (não resolvido) das quatro cores, o dos pontos de Koenigsberg, o das três casas e das três fontes (irresolúvel no plano, mas resolúvel em uma superfície fechada como a de um anel), o do passeio das quinze senhoritas. Alguns jogos tradicionais como o *quebra-cabeça numérico* e o *jogo do anel prisioneiro* baseiam-se, aliás, em dificuldades e em combinações de mesma espécie, cuja teoria depende da topologia, assim como foi constituída por Janirewski no fim do século XIX. Recentemente, alguns matemáticos, combinando o cálculo das probabilidades e a topologia, fundaram uma nova ciência cujas aplicações parecem das mais variadas: a Teoria dos Jogos Estratégicos[78].

Dessa vez, trata-se de jogos nos quais os jogadores são *adversários* chamados a se *defender*, isto é, em que a cada situação sucessiva terão de fazer uma escolha razoável e tomar decisões apropriadas. Esse gênero de jogos é próprio para servir de modelo às questões normalmente colocadas nos campos econômico, comercial, político ou militar. A ambição surge para oferecer uma solução necessária, científica e para além de toda controvérsia às dificuldades concretas, mas calculáveis pelo menos de forma aproximada. Começou-se pelas situações mais simples: cara ou coroa, jogo do papel, pedra e tesoura (o papel vence a pedra ao envolvê-la, a pedra vence a tesoura ao quebrá-la, a tesoura vence o papel ao cortá-lo), pôquer simplificado ao extremo, duelos de aviões etc. Elementos psicológicos como a *astúcia* e o *blefe* foram introduzidos no cálculo. À "perspicácia de um jogador em prever o comportamento de seus adversários" chamou-se *astúcia* e, *blefe*, a resposta a essa astúcia, isto é, "ora a arte de dissimular a (um) adversário (nossas) informações, ora a de enganá-lo sobre (nossas) intenções, ora, enfim, de fazê-lo subestimar (nossa) habilidade"[79].

Subsiste, no entanto, uma dúvida sobre o alcance prático, e mesmo sobre o fundamento de semelhantes espe-

---

78 VON NEUMANN, J. & MORGENSTERN, O. *Theory of games and economic behavior.* Princeton, 1944. • BERGE, C. *Théorie des jeux alternatifs.* Paris, 1952.

79 Claude Berge.

culações fora da matemática pura. Baseiam-se em dois postulados indispensáveis à dedução rigorosa e que, hipoteticamente, nunca se encontram no universo contínuo e infinito da realidade: o primeiro, a possibilidade de uma informação total, ou seja, que esgote os dados úteis; o segundo, a competição de adversários cujas iniciativas são sempre tomadas com conhecimento de causa, na expectativa de um resultado preciso, supostamente escolhendo a melhor solução. Mas, na realidade, de um lado, os dados úteis não são enumeráveis *a priori*; para o adversário, de outro lado, não se poderia eliminar o papel do erro, do capricho, da inspiração tola, de qualquer decisão arbitrária e inexplicável, de uma superstição extravagante e até da vontade deliberada de perder, que não há motivo absoluto para excluir do absurdo universo humano. Matematicamente, essas anomalias não engendram nenhuma dificuldade nova: retornam a um caso precedente, já resolvido. Mas, humanamente, para o jogador concreto não ocorre o mesmo, pois todo o interesse do jogo reside precisamente nesta competição inextricável de possíveis.

Teoricamente, em um duelo de pistolas, no qual os dois adversários caminham ao encontro um do outro, caso se conhecesse o alcance e a precisão das armas, a distância, a visibilidade, a habilidade relativa dos atiradores, seu sangue-frio, seu nervosismo, e por mais que se supusesse quantificáveis esses diferentes elementos, é possível calcular o melhor momento para cada um deles apertar o gatilho. E ainda assim trata-se de uma especulação aleatória, em que os dados também estão limitados por convenção. Mas, na prática, está claro que o cálculo é impossível, pois exige a análise completa de uma situação inesgotável. Um dos adversários pode ser míope ou astigmático, distraído ou neurastênico, uma abelha pode picá-lo, uma raiz fazê-lo tropeçar. Por fim, pode ter vontade de morrer. A análise sempre abarca uma espécie de esqueleto de problema; o raciocínio torna-se falso assim que encontra sua complexidade original.

Em certas lojas americanas, na época das liquidações, no primeiro dia os artigos oferecidos são vendidos com uma redução de 20% sobre o preço marcado; no segundo, com uma redução de 30%; no terceiro, com uma de 50%. Mais o cliente espera e mais a compra é vantajosa. Mas sua possibilidade de escolha vai diminuindo na mesma proporção, pois o artigo de sua preferência pode não estar mais disponível. Em princípio, caso se consiga limitar os dados que entram em consideração, é possível calcular em que dia vale mais a pena comprar este ou aquele artigo, dependendo de ser considerado mais ou menos procurado. É plausível, no entanto, que cada cliente faça sua compra de acordo com seu caráter: imediatamente, caso privilegie a certeza do objeto desejado; no último momento, caso busque o menor gasto possível.

Aqui reside e persiste o irredutível elemento de jogo que a matemática não alcança, pois não passa de álgebra *sobre* o jogo. Quando o que é impossível torna-se álgebra *do jogo*, é no mesmo instante destruído, pois não se joga se já existe a certeza de ganhar. O prazer do jogo é inseparável do risco de perder. Toda vez que a reflexão combinatória (em que consiste a ciência dos jogos) consegue chegar à teoria de uma situação, o interesse de jogar desaparece com a incerteza do resultado. A destinação de todas as variantes é conhecida. Nenhum jogador ignora para onde conduzem as consequências de cada um dos lances concebíveis e as consequências de suas consequências. Nos jogos de cartas, a partida termina assim que não há mais incerteza sobre as cartas que serão recolhidas ou dadas, e cada jogador abaixa seu jogo. No xadrez, o jogador experiente abandona a partida assim que se dá conta de que a situação ou a relação de forças condena-o a uma derrota inelutável. Os negros da África, nos jogos que os entusiasmam, calculam o seu desenvolvimento tão exatamente quanto Neumann e Morgenstern fazem para algumas estruturas que sem dúvida exigem um aparelho matemático singularmente mais complexo, mas que não são tratadas de outra forma.

No Sudão, o jogo do *Bolotoudou*, semelhante ao *jogo da velha*, é muito apreciado. É jogado com doze bastões e doze pedrinhas, que cada jogador coloca alternadamente sobre 30 casas dispostas em cinco fileiras de seis. Toda vez que um jogador consegue colocar três de seus peões em linha reta, ele *come* um do adversário. Os campeões têm lances que lhes pertencem e que, como fazem parte da herança familiar, são transmitidos de pai para filho. A disposição inicial dos peões tem uma grande importância. As combinações possíveis não são infinitas. Por isso, um jogador experimentado muitas vezes interrompe a partida reconhecendo-se virtualmente derrotado bem antes de a derrota ser evidente ao leigo[80]. Sabe que seu adversário *deve* derrotá-lo, e como deverá proceder para consegui-lo. Ninguém sente um grande prazer

---

80 PROST, A. "Jeux dans le monde noir". *Le Monde Noir* (n. 8-9 de *Présence africaine*), p. 241-248.

em se aproveitar da inexperiência de um jogador medíocre. Pelo contrário, sente um grande desejo de lhe ensinar, caso ignore, a manobra invencível, pois o jogo é principalmente demonstração de superioridade, e o prazer nasce da medição de suas forças. É preciso se sentir em perigo.

As teorias matemáticas que procuram determinar com segurança, para todas as situações possíveis, a peça que convém deslocar ou a carta que é interessante abaixar, longe de favorecer o espírito do jogo, o arruínam ao abolirem sua razão de ser. O *lobo*, que é jogado em um tabuleiro de xadrez comum de 64 casas com um peão preto e quatro peões brancos, é um jogo simples cujas combinações possíveis são facilmente demonstráveis. Sua teoria é fácil. As *ovelhas* (os quatro peões brancos) devem necessariamente ganhar. Que prazer em continuar a jogar pode ter o jogador que conhece essa teoria? Essas análises, destruidoras, pois perfeitas, também existem para outros jogos, como, por exemplo, para o quebra-cabeça numérico e o jogo do anel prisioneiro que mencionei mais acima.

Não é plausível, mas possível, e talvez teoricamente obrigatório, que exista uma partida de xadrez absoluta, desenrolando-se de tal modo que, do primeiro ao último lance, nenhum movimento será eficaz, o melhor sendo aquele em que o primeiro lance for neutralizado automaticamente. Não está fora das hipóteses razoáveis que uma máquina eletrônica, ao esgotar todas as bifurcações concebíveis, estabeleça essa partida ideal. Então não jogaremos mais xadrez. O simples *fato* de jogar em primeiro acarretará o ganho ou talvez a perda[81] da partida.

---

81 É geralmente admitido, mas não demonstrado, que a vantagem do primeiro lance constitui uma vantagem real.

A análise matemática aparece assim como um ramo da Matemática que tem com o jogo apenas uma relação circunstancial. Existiria da mesma forma se os jogos não existissem. Pode e deve se desenvolver fora deles, inventando a bel-prazer regras das situações e regras sempre mais complexas. Mas não poderia ter a mínima repercussão sobre a própria natureza do jogo. Com efeito, ou a análise resulta em uma certeza e o jogo perde seu interesse, ou estabelece um coeficiente de probabilidade e acaba só oferecendo uma apreciação mais racional de um risco que o jogador assume ou não assume, de acordo com sua natureza prudente ou temerária.

*

O jogo é fenômeno total. Interessa ao conjunto das atividades e das ambições humanas. Por isso existem muito poucas disciplinas – da Pedagogia à Matemática, passando pela História e pela Sociologia – que não possam estudá-lo proveitosamente por algum viés. Contudo, qualquer que seja o valor teórico ou prático dos resultados obtidos em cada perspectiva particular, esses resultados permaneceriam privados de sua significação e de seu verdadeiro alcance se não fossem lidos em referência ao problema central colocado pelo universo indivisível dos jogos, de onde tiram primeiramente o interesse que possam apresentar.

Dossiê

II – Classificação dos jogos

P. 58. MIMICRY ENTRE OS INSETOS. Reproduzo aqui alguns dos exemplos citados em meu livro *Le mythe et l'homme* (p. 109-116).

> Para se proteger, um animal inofensivo assume a aparência de um animal perigoso. Por exemplo: a borboleta apiforme *Trochilium* e a vespa *Crabro* apresentam as mesmas asas enfumaçadas, as mesmas patas e antenas marrons, os mesmos abdomes e tórax rajados de amarelo e preto, o mesmo voo robusto e ruidoso em pleno sol. Algumas vezes, o animal mimético olha mais longe; assim, a lagarta do *Choerocampa Elpenor* que nos quarto e quinto segmentos apresenta duas manchas oculiformes rodeadas de preto, quando irritada, retrai seus anéis anteriores e o quarto incha fortemente; o efeito obtido seria o de uma cabeça de serpente capaz de enganar os lagartos e os pássaros de pequeno porte, assustados com esta súbita aparição[82]. Segundo Weismann[83], quando o *Smerinthus ocellata* – que em repouso, como todos os esfingídeos, esconde suas asas inferiores – está em perigo, abre-as bruscamente revelando seus dois enormes "olhos" azuis sobre fundo vermelho que subitamente aterrorizam o agressor[84]. Este gesto é acompanhado de uma espécie de transe. Em repouso, o animal se parece com folhas finas e ressecadas. Quando importunado, agarra-se ao seu suporte, desdobra suas antenas, infla o tórax, encolhe a cabeça, exagera a curvatura de seu abdome, enquanto todo

---

82 GUÉNOT, L. *La genèse des espèces animales*. Paris, 1911, p. 470 e 473.

83 *Vorträge über Descendenztheorie*, t. I, p. 78-79.

84 Esta transformação aterradora é automática. Pode ser comparada aos reflexos cutâneos, os quais nem sempre tendem a uma mudança de cor destinada a dissimular o animal, mas por vezes conseguem lhe dar um aspecto pavoroso. Um gato eriça seus pelos diante de um cachorro, de forma que, como está assustado, ele se torna assustador. É Le Dantec que faz esta observação (*Lamarckiens et Darwiniens*. 3. ed. Paris, 1908, p. 139), quando explica assim nos homens o fenômeno conhecido como "cabelos em pé", que ocorre principalmente em caso de grande pavor. Ainda subsiste, embora o sistema piloso tenha se tornado inoperante pela sua atrofia.

> seu corpo vibra e treme. Passada a crise, retorna lentamente à imobilidade. Algumas experiências de Standfuss mostraram a eficácia deste comportamento; o chapim, o pintarroxo e o rouxinol comum se apavoram, mas não o rouxinol cinza[85]. A borboleta, asas despregadas, realmente se assemelha à cabeça de um enorme pássaro de caça...

Os exemplos de homomorfia não faltam: "os *calapídeos* se assemelham aos seixos, os *chlamys* às sementes, os *moenas* ao cascalho, os *palemonídeos* às algas marítimas; o peixe *Phylopteryx* do Mar dos Sargaços não passa de uma "alga dilacerada em forma de tiras flutuantes"[86], como o *Antennarius* e o *Pterophryné*[87]. O polvo retrai seus tentáculos, encurva o dorso, adéqua sua cor e se assemelha então a uma pedra. As asas inferiores brancas e verdes da *mariposa aurora* simulam as umbelíferas; as mossas, nodosidades e estrias da *lichnée mariée* a tornam idêntica à casca dos choupos sobre os quais vive. É difícil distinguir dos liquens o *Lithinus nigrocristinus* de Madagascar e os *Flatidae*[88]. Sabe-se até onde vai o mimetismo dos louva-a-deus "orquídea" cujas patas simulam pétalas ou são recurvadas em corolas, que se assemelham às flores, imitando por um leve balanço maquinal a ação do vento sobre estas últimas[89]. O *Cilix compressa* se assemelha a um excremento de pássaro; o *Cerodeylus laceratus* de Bornéu,

---

85 Cf. STANDFUSS. "Beispiel von Schutz und Trutzfärbung", *Miltt. Schweitz. Entomol. Ges*, 21 (1906), p. 155-157. • VIGNON. *Introduction à la biologie expérimentale*. Paris, 1930 (Encycl. Biol., t. VIII), p. 356.

86 MURAT, L. *Les merveilles du monde animal*. 1914, p. 37-38.

87 CUÉNOT, L. Op. cit., p. 453.

88 Ibid. fig. 114.

89 LEFEBVRE, A. *Ann. De la Soc. Entom. de France*, t. IV. • BINET, L. *La vie de la mante religieuse*. Paris, 1931. • VIGNON, P. Op. cit., p. 374ss.

com suas excrescências foliáceas verde-oliva claro, a uma vareta coberta de musgo. Este último pertence à família dos fasmídeos que, em geral, "se suspendem nas moitas da floresta e têm o estranho hábito de deixar pender suas patas irregularmente, o que torna o erro ainda mais fácil"[90]. À mesma família pertencem ainda os bacilos que se assemelham aos pequenos galhos. Os *Ceroys* e o *Heteropteryx* simulam galhos espinhosos ressecados, e os *membracídeos*, hemípteros dos Trópicos, brotos ou espinhos, como o inseto-espinho, o *Umbonia orozimbo*. As lagartas mede-palmos, eretas e rígidas, não se distinguem muito dos brotos dos arbustos, para isso são auxiliadas pelas rugosidades tegumentares apropriadas. Todos conhecem as *Philliidae*, tão parecidas com folhas. Com elas, caminha-se para a homomorfia perfeita que é a de certas borboletas, como a *Oxydia*, que se coloca na extremidade de um galho, perpendicularmente a sua direção, as asas superiores dobradas em forma de telhado, apresentando-se assim à semelhança da extremidade da folha, aparência acentuada por uma cauda fina e escura que continua transversalmente sobre as quatro asas para simular a nervura principal da folha[91].

> Outras espécies são ainda mais aperfeiçoadas, pois suas asas inferiores são munidas de um apêndice solto que utilizam como pecíolo, adquirindo por esse meio "uma espécie de inserção no mundo vegetal"[92]. De cada lado do conjunto das duas asas aparece o oval lanceolado característico da folha: mais uma vez, uma mancha, mas agora longitudinal, que continua de uma asa para a outra, substitui a nervura mediana, por isso

---

90 WALLACE. *La sélection naturelle.* Trad. franc., p. 62.

91 Cf. RABAUD. *Eléments de biologie générale.* 2. ed. Paris, 1928, p. 412, fig. 54.

92 VIGNON: *art. cit.*

"a força organo-motora... Teve de recortar e organizar sabiamente cada uma das asas, uma vez que ela realiza uma forma determinada não em si mesma, mas por sua união com a outra asa"[93]. São estas principalmente a *Cenophlebia Archidona* da América Central[94] e os diferentes tipos de *Kallima* da Índia e da Malásia...

[Outros exemplos: *Le mythe et l'homme*, p. 133-136.]

P. 63. VERTIGEM NO *VOLADOR* MEXICANO. Trecho da descrição de Guy Stresser-Péan (p. 328).

> O chefe da dança ou *k'ohal*, vestido com uma túnica vermelha e azul, também sobe e se senta no topo do mastro. Voltado para o leste, invoca primeiro as divindades protetoras, estendendo suas asas em sua direção e usando um apito que imita o pio das águias. Depois se coloca de pé no topo do mastro. Virando-se sucessivamente para os quatro pontos cardeais, apresenta-lhes uma taça de cabaça recoberta por um pano branco, bem como uma garrafa de aguardente, da qual bebe uns goles e os borrifa à sua frente. Uma vez feita essa oferenda simbólica, coloca seu penacho de penas vermelhas sobre a cabeça e, batendo as asas, dança diante dos quatro pontos cardeais.
>
> Essas cerimônias executadas no topo de um mastro marcam a fase que os índios consideram como a mais emocionante da cerimônia, porque comporta um risco mortal. Mas a fase do "voo" que vem a seguir ainda permanece deveras espetacular. Presos pela cintura, os quatro dançarinos passam por baixo da estrutura, e depois se jogam para trás. E assim suspensos, descem lentamente até o chão, descrevendo uma grande espiral à medida que suas cordas se desenrolam. Para eles, a dificuldade consiste em segurar a corda entre os dedos do pé, para que se mantenham com a cabeça para

---

93 Ibid.

94 DELAGE & GOLDSMITH. *Les théories de l'évolution*. Paris, 1909, fig. 1, p. 74.

baixo, os braços afastados, na posição de pássaros que descem planando e descrevendo grandes círculos no céu. Quanto ao chefe, primeiro aguarda por alguns instantes, depois começa a deslizar ao longo da corda de um dos quatro dançarinos.

P. 69s. O PRAZER DE UM MACACO-PREGO EM DESTRUIR.
De uma observação de G.J. Romanes, citada por K. Gross:

Observo que ele gosta muito de aprontar. Hoje pegou um copo de vinho e um coqueiro. Jogou o copo no chão com toda sua força que, naturalmente, se quebrou. Mas ao perceber que não conseguiria quebrar o coqueiro jogando-o no chão, procurou a sua volta alguma coisa dura contra a qual poderia socá-lo. O pé de cobre da cama pareceu-lhe bom para o que pretendia, sacudiu o coqueiro bem alto acima de sua cabeça e depois o socou várias vezes violentamente. Com o coqueiro completamente despedaçado, deu-se por satisfeito. Para quebrar um bastão, ele o introduz entre um objeto pesado e a parede, depois o curva e o quebra. São várias as vezes em que estraga um objeto de toalete, puxando cuidadosamente os fios antes de começar a puxar com seus dentes o mais violentamente possível.

Paralelamente à sua necessidade de destruição, também adora derrubar objetos, mas presta muita atenção para que não caiam sobre ele. Por isso puxa em sua direção uma cadeira, até que ela perca o equilíbrio, depois observa atentamente o alto do espaldar, e, quando vê que vai cair sobre ele, sai debaixo e espera a queda, cheio de alegria. Age da mesma forma com os objetos mais pesados. Assim temos uma penteadeira feita com uma grande placa de mármore que, com muito esforço, conseguiu derrubar várias vezes, e isso sem nunca se machucar[95].

---

95 ROMANES, G.J. *Intelligence des animaux*. T. II. Paris: F. Alcan, p. 240-241.

P. 72. PROPAGAÇÃO DAS MÁQUINAS CAÇA-NÍQUEIS. A PAIXÃO QUE DESPERTAM.

Existe uma categoria de jogos que parecem essencialmente fundados na repetição. Sua estéril monotonia e sua aparente falta de interesse não deixam de impressionar o observador. A clientela extraordinariamente extensa desses jogos torna o fenômeno ainda mais estranho. Penso principalmente nas "paciências" que vemos os desocupados recomeçarem sempre e sempre e nas máquinas de caça-níqueis, cujo sucesso praticamente universal não deixa de fornecer matéria de reflexão.

Além do mais, nos jogos de "paciências" é possível distinguir um arremedo de interesse, não tanto por causa das medíocres combinações entre as quais talvez o jogador hesite e que de forma alguma o levam a cálculos árduos ou absorventes, mas porque atribui a cada partida o valor de uma consulta do destino. Antes de começar o jogo, depois de ter embaralhado as cartas e no momento de "cortar", coloca a si mesmo uma questão ou formula um desejo. O ganho ou a perda da partida lhe traz uma espécie de resposta do destino. É livre, no entanto, para recomeçar até obter a resposta favorável.

Este caráter oracular, no qual é raro que acreditem, serve pelo menos para justificar uma atividade que, sem este tipo de astúcia, seria apenas uma distração. No entanto, permanece jogo autêntico, pois se trata de uma ação livre exercendo-se no interior de um espaço determinado (neste caso, o que dá no mesmo, com a ajuda de um número fixo de elementos), submetida às regras arbitrárias e imperiosas, por fim perfeitamente improdutiva.

As mesmas características se aplicam às máquinas caça-níqueis, uma vez que a lei proíbe, de forma mais ou menos rigorosa segundo cada país – mas sempre com uma mesma solicitude –, que a atração do ganho possa acabar se compondo com a sedução própria às máquinas. Dos quatro motivos a partir dos quais pensei repartir a variedade dos jogos (demonstração de uma superioridade pessoal, busca da benevolência do destino, papel desempenhado em um universo fictício e voluptuoso da vertigem provocada deliberadamente), nenhum se aplica às máquinas caça-níqueis, a não ser em um grau ínfimo. O prazer da competição é pouco, pois os recursos do jogador são praticamente limitados para que o jogo não seja de mero azar. A segunda rubrica dos jogos também está eliminada: a entrega ao destino, que só é eficaz quando completa e em um total abandono de qualquer meio de influenciá-lo ou de corrigi-lo. Quanto ao simulacro, que no início parece completamente ausente, o seu papel já é perceptível, embora de uma maneira demasiado diluída, primeiro pela enormidade de números fictícios que se acendem nos visores multicoloridos (o resultado das tentativas de introduzir números mais realistas foi, lamentavelmente, um retumbante e significativo fracasso), em seguida, pela decoração com moças seminuas, sofisticadas ou bárbaras, carros de corrida e lanchas, piratas e antigas embarcações com portinholas guarnecidas de bombardas, astronautas em trajes espaciais e naves interplanetárias, ou seja, uma solicitação pueril que, sem dúvida, não provoca sequer uma identificação momentânea, mas que oferece ao menos uma atmosfera de sonho apta a arrancar o jogador da monotonia cotidiana. Por fim, ainda que o ambiente dos cafés não seja o mais propício à vertigem e que a distração analisada apareça certamente como uma das menos árduas que se possa imaginar, alguma hipnose deve no entanto brotar da obrigação de olhar continuamente o piscar das luzes e da obsessão de empurrar magicamente por entre os obstáculos, bem como pela pressão de um olhar carregado de desejo, uma pequena esfera brilhante.

Aliás, é possível que a vertigem ocupe de longe o primeiro lugar no prazer buscado. Penso no sinistro sucesso da *pachenco* do Japão. Neste caso, não há pinos nem obstáculos, mas bolas de aço enviadas com força e barulho em uma espiral que está diante do jogador. Este, para aumentar o estrépito e o movimento, quase sempre envia várias bolas ao mesmo tempo. As máquinas estão alinhadas em filas intermináveis, sem nenhum intervalo entre elas, de modo que os jogadores fiquem lado a lado e suas cabeças paralelas também acabem formando longas fileiras. A barulheira é ensurdecedora e o brilho das bolas realmente hipnótico. Neste caso, o que se oferece é a vertigem e apenas ela, mas uma vertigem inferior e inútil, cujo domínio não é urgente e, aliás, o objetivo do jogo não é o de dominar. Trata-se de um fascínio pelos sons e reflexos que aumenta pelos seus próprios efeitos e que domestica, por assim dizer, a vertigem, reduzindo-a à contemplação estática, estúpida do trajeto de uma bola por trás de um vidro. Era o pouco que faltava, suponho, para empobrecer, para tornar mecânicos e medíocres, para reduzir à dimensão de uma caixa sem profundidade os jogos de vertigem, em princípio os mais perigosos de todos, e que exigem espaço, um maquinário complexo e um grande gasto de energia. Excetuando-se a forma degenerada que as máquinas dos parques de diversão estão destinadas a oferecer, exigem até mesmo, em plena embriaguez propositalmente aumentada como velocidade de pião, uma lucidez visível e imperturbável, um excepcional controle dos nervos e dos músculos, uma vitória contínua sobre o pânico dos sentidos e das vísceras.

Assim, seja qual for o lado em que as consideremos e até mesmo em seus aspectos mais aberrantes e, de certo ponto de vista, paroxísticos, as máquinas caça-níqueis constituem uma espécie de grau reduzido do jogo. Os recursos pessoais do jogador não são requisitados. Também não espera do destino a ruína ou a fortuna, pois a próxima partida é paga segundo um valor fixo. Precisa de muito boa vontade para se imaginar penetrando os mundos romanescos sugeridos pela decoração da máquina: a alienação é insignificante, ou mesmo inoperante. Por fim, da vertigem subsiste apenas a dificuldade de abandonar, de romper com uma atividade maquinal que só tem a oferecer sua monotonia, mais precisamente a paralisia da vontade que ela provoca.

Os outros passatempos não aparecem necessariamente tão pobres. Exigem até mesmo uma qualidade do corpo, da inteligência ou da alma. O bilboquê exige destreza; o jogo de paciência ou o quebra-cabeça numérico, a atenção; as palavras cruzadas e as recreações matemáticas, a reflexão e o conhecimento; o treino esportivo, a obstinação e a resistência. Em toda parte, uma tensão, um esforço, a tentativa de uma habilidade – o contrário, afinal, do quase automatismo com o qual os usuários das máquinas de moedas parecem se satisfazer. Mas essas máquinas certamente são uma característica de um estilo de vida em plena expansão. São encontradas sobretudo nos lugares públicos, sem dúvida porque a presença dos espectadores que comentam e aguardam sua vez traz um complemento útil de excitação a uma atividade em si mesma bastante sem graça. Nos cafés, a multiplicação dessas máquinas foi pouco a pouco substituindo os jogos que há uns cinquenta anos floresciam e atraíam toda uma clientela cotidiana: cartas, gamão, bilhar.

No Japão, que citei mais acima, calcularam que 12% da receita nacional, nos anos de seu maior sucesso, eram gastos em fichas introduzidas nas *pachencos*. Nos Estados Unidos, a onda das máquinas caça-níqueis assumiu proporções inesperadas, provocando verdadeiras obsessões. Quando de uma pesquisa conduzida por uma comissão do senado americano em março de 1957, no dia 25 desse mesmo mês, a imprensa forneceu as seguintes informações:

> Em 1956, foram vendidas 300 mil máquinas caça-níqueis fabricadas por 15 mil empregados nas cinquenta fábricas, a maioria instalada nos arredores de Chicago. Essas máquinas não são apenas populares em Chicago, Kansas City ou Detroit – sem falar de Las Vegas, a capital do jogo –, mas também em Nova York. Todos os dias, todas as noites, em plena *Times Square*, americanos de todas as idades, desde o estudante até o idoso, gastam em uma hora, na vã esperança de uma partida gratuita, sua mesada ou sua aposentadoria semanal. *Broadway* n. 1485: *Playland* em letras gigantescas de neon que ofuscam a placa de um restaurante chinês. Em um imenso salão sem porta, dezenas de máquinas de moedas multicoloridas estão alinhadas em uma ordem perfeita. Diante de cada máquina um banquinho de couro confortável, que relembra as cadeiras dos bares mais elegantes dos Champs-Elysées, permite ao jogador permanecer horas, se tiver dinheiro suficiente. Tem até mesmo diante de si um cinzeiro

> e um lugar reservado para o *hot-dog* e a Coca-Cola®, a refeição nacional dos economicamente frágeis nos Estados Unidos, que ele pode pedir sem sair de seu lugar. Com uma moeda de 10 centavos (40 francos) ou de 25 centavos (100 francos) tenta totalizar o número de pontos que pode lhe dar o prêmio de dez maços de cigarros, pois no Estado de Nova York os ganhos em dinheiro não são autorizados. Um barulho infernal cobre a voz de Louis Armstrong ou a de Elvis Presley que acompanham no toca-discos os esforços dos "esportistas da moedinha", como são chamados por aqui. Rapazes em *blues-jeans* e jaqueta de couro ao lado de senhoras com chapéus floridos. Os rapazes escolhem as máquinas do bombardeiro atômico ou do foguete teleguiado; as senhoras preferem o *love meter*, que lhes revela se ainda podem se apaixonar, enquanto as crianças, por cinco centavos, fazem-se chacoalhar até enjoar sobre um burro que mais se parece com um zebu. E ainda podemos ver o marinheiro ou o aviador que com um revólver atiram sem muita convicção (D. Morgaine).

Calcula-se que os americanos gastem 400 milhões de dólares por ano apenas para lançar bolas metálicas contra pinos luminosos por entre vários obstáculos. Como é fácil imaginar, esse tipo de paixão tem alguma influência na delinquência juvenil. Assim sendo, em abril de 1957, os jornais americanos destacavam a prisão, no Brooklin, de um bando de pré-adolescentes liderado por um menino de 10 anos e por uma menina de 12. Pilhavam os comerciantes do bairro e acabaram roubando cerca de mil dólares. Interessavam-se somente pelas moedas de 10 e de 5 centavos, pois podiam utilizá-las nas máquinas caça-níqueis. As notas eram usadas unicamente para embrulhar as moedas, e logo jogadas na lata de lixo.

É bem difícil encontrar uma explicação para tamanha paixão. Algumas, no entanto, talvez sejam mais engenhosas do que persuasivas. A mais sutil e mais significativa sem dúvida é aquela proposta por Julius Segal sob o título de *The lure of pinball* na revista *Harpers's* de outubro de 1957 – v. 215, n. 1289, p. 44-47. Este estudo apresenta-se ao mesmo tempo como uma confissão e como uma análise. Retomo aqui meu comentário feito na época. Após as inevitáveis referências a algum simbolismo sexual, o autor distingue no prazer oferecido pelas máquinas de moedas ou caça-níqueis, sobretudo um sentimento de vitória contra a tecnologia moderna. O arremedo de cálculo feito pelo jogador antes de lançar a bola não lhe serve para muita coisa, mas lhe parece sublime. "É como se ele e seu conhecimento jogassem sozinhos contra os recursos combinados de toda a indústria americana". O jogo seria assim uma espécie de competição entre a destreza do indivíduo e um imenso maquinário anônimo. Com uma moeda (real), arrisca ganhar milhões (irreais), pois os escores sempre são números com vários zeros.

Por fim, é preciso ter a possibilidade de fraudar ao chacoalhar a máquina. O *tilt* indica apenas um limite a não ser ultrapassado. É uma ameaça deliciosa, um risco suplementar, uma espécie de segundo jogo adicionado ao primeiro.

É curiosa a confissão de Julius Segal de que às vezes, em caso de depressão, faz uma pausa de meia hora para encontrar sua máquina caça-níqueis preferida. Então joga, confiando na "possibilidade terapêutica de ganhar". Sai satisfeito com seu talento e com suas chances de sucesso. Seu desespero desapareceu, sua agressividade está apaziguada.

Avalia o comportamento de um jogador diante da máquina tão revelador da personalidade quanto o Teste de

Rorschach. Para ele, cada um procuraria provar a si mesmo que pode vencer as máquinas em seu próprio terreno. Imagina dominar a mecânica e acumular uma enorme fortuna em números luminosos inscritos no visor. Consegue isso sozinho e pode renovar sua proeza o quanto desejar. "Com uma moeda, exterioriza sua irritação e consegue que o mundo se conduza docilmente".

Havia feito um resumo do estudo de Segal sem discuti-lo. Nem por isso deixava de pensar sobre ele. Creio, com efeito, que a maioria dos usuários das máquinas caça-níqueis não se parece muito com Segal e que está particularmente longe de experimentar o mesmo fervor vingativo ao acionar a máquina. Talvez haja em suas confidências mais imaginação do que observação, pois tudo se passa como se o narrador, ao romancear um hábito de que certamente sente alguma vergonha, se dedicasse a descobrir algumas dimensões psicológicas específicas para torná-lo interessante e, por assim dizer, honesto e até mesmo higiênico. A máquina caça-níqueis dificilmente pode aparecer como uma imagem do universo mecânico vencido e obediente, pois não é dócil nem tranquilizadora, mas antes irritante e intratável. O jogador, normalmente, enfurece-se mais do que vence. Abandona seu posto frustrado e furioso por ter gasto seu dinheiro inutilmente, exasperado contra uma máquina que, mesmo não estando desequilibrada ou funcionando mal, ele puerilmente acusa de tê-lo feito perder. Na realidade, sente-se enganado. Não abandona a máquina reconciliado consigo mesmo, mas amargurado e zangado. Os milhões luminosos desapareceram e ele reconhece que está um pouco mais pobre do que antes. Suspeito que, no caso de Segal, o componente terapêutico, ao qual dá muita importância, não foi jogar, mas refletir sobre o jogo.

Para quem está convencido da fecundidade cultural dos jogos, a ponto de vê-los como um dos fatores principais da civilização, a existência e o sucesso das máquinas de moedas só podem revelar uma falha no sistema, que deverá ser levada em conta a partir de agora. Sua avaliação era de que os jogos não são igualmente férteis e que uns, mais do que outros, favorecem o bom desenvolvimento da arte, da ciência e da moral, na medida em que obrigam muito mais ao respeito da regra, à lealdade, ao autocontrole, ao desinteresse ou, segundo exijam mais cálculo, à imaginação, paciência, destreza ou força. Mas eis que se encontram jogos vazios, inúteis, que nada exigem do jogador e que não passam de simples e estéril consumo de tempo livre. Esses jogos matam literalmente o tempo sem fecundá-lo, enquanto os verdadeiros jogos o semeiam, fazem-no frutificar no longo prazo, quase ao acaso, mas de todo modo sem objetivo previamente estabelecido e como uma espécie de prêmio adicionado ao prazer. Pelo contrário, esses pseudojogos – que nada colocam em jogo – só servem para substituir o tédio por uma rotina disfarçada de diversão.

A lição dessas máquinas de moedas e, eventualmente, dos jogos de paciência é que, ao lado dos jogos que sempre são atividade, mobilização de algum recurso ou prova de sangue-frio, existem distrações-armadilhas que, ao preencherem as horas vazias, assumem a aparência de jogos. Reforçam a tendência à passividade e à renúncia. Nem mesmo convidam o espírito a um fértil abandono, o que iria ao encontro de uma outra forma de jogo, que geralmente tem um nome específico nas línguas orientais, e que, na ordem da fantasia e do pensamento ocioso, possui uma eficácia própria. Pelo contrário, tais distrações nomeadas então no sentido contrário, pois engessam e sufocam, por assim dizer, a imaginação. Bloqueiam a atenção em uma terrível monotonia, suficientemente diversificada para não entediar, mas bastante insistente para entorpecer e fascinar.

Nem o moralista nem o sociólogo conseguem perceber um benéfico sintoma na prosperidade excessiva desta espécie de engodo. Talvez seja o resgate de um esforço desmedido, que não mais permite ao indivíduo a necessária e exuberante iniciativa para que o descanso que se proporciona não seja letargia e coma das faculdades, mas intenção livremente empregada, certamente improdutiva naquele momento, contudo ainda mais fértil no longo prazo e em um plano que vai além do trabalho e das obrigações.

IV – Corrupção dos jogos

P. 92. JOGOS DE AZAR, HORÓSCOPOS E SUPERSTIÇÃO. A título de exemplo, apresento as recomendações de Mithuna em um número tomado ao acaso de uma revista feminina semanal (*La Mode du jour*, 5 de janeiro de 1956):

> Quando aconselho (com toda a reserva que a simples lógica implica) a preferir, se possível, este número e não outro, não estou falando apenas do número final como geralmente se faz... Falo também do número reduzido a sua unidade. Por exemplo, 66410, reduzido à unidade será $6 + 6 + 4 + 1 = 17 + = 1 + 7 = 8$. Embora este número não contenha nenhum 8, poderia ser escolhido por aquelas a quem indico os seus benefícios. Em nosso procedimento, você deve reduzir os números à unidade, exceto o 10 e o 11. E agora não lhe desejo "boa sorte". Mas se, por acaso, você ga-

nhar, tenha a gentileza de me comunicar a boa notícia indicando-me sua data. São meus desejos... Ainda assim, e de todo coração.

Observem as precauções tomadas pela signatária da crônica. No entanto, considerando-se a variedade desses procedimentos, a diversidade dessas clientes e a pouca quantidade de números, ela está convicta de um substancial coeficiente de necessários êxitos, que, como deve ser, serão os únicos considerados pelas interessadas.

Neste campo, o ponto alto foi o alcançado pelo horóscopo regular da revista semanal *Intimité (du foyer)*. Assim como as outras, oferece conselhos aos nativos de cada decanato para a semana corrente. Mas, como este periódico é destinado aos campos onde o correio ou a entrega podem ser lentos, *nem o horóscopo nem o número apresentam as datas.*

P. 99s. PREFERÊNCIA PELOS "ESTUPEFACIENTES" ENTRE AS FORMIGAS. Observações de Kirkaldy e Jacobson, citadas por W. Morton Wheeler (op. cit., p. 310).

> Postando-se à beira de uma fila de formigas que parte em busca de alimento, formigas comuns na Índia, *Hypoclinea bituberculata*, o inseto observa a vinda de uma delas, e assim que ela se aproxima ergue a porção anterior de seu corpo para poder descobrir seus tricomas. Seu odor atrai a formiga e a faz lambê-los e mordiscá-los. O *Ptilocerus* se abaixa lentamente, dobrando suas patas anteriores sobre a cabeça da formiga, como se estivesse certo de fazê-la sua presa. Geralmente a formiga mordisca com suas mandíbulas os tricomas com tamanha avidez que chacoalha o inseto para cima e para baixo. Mas a secreção da glândula tem um efeito tóxico paralisante sobre a formiga. Assim que retira suas patas e quer se apoiar, o *Ptilocerus* a agarra com suas patas anteriores, penetra sua trompa através de uma das suturas

torácicas ou, de preferência, no ponto de inserção de uma antena, e sorve o conteúdo do corpo. A paralisia deve-se a uma substância da glândula absorvida pela formiga, e não ao ferimento feito pela trompa; a prova disso, segundo Jacobson, é o fato de um grande número de formigas se afastarem do inseto depois de lamberem por algum tempo a secreção do tricoma, e serem rapidamente tomadas de paralisia, mesmo se não foram tocadas pela trompa do inseto. Dessa forma, a quantidade de formigas destruídas é bem maior do que a utilizada para alimentar o inseto, e é preciso se maravilhar com a fecundidade das formigas que permite ao inseto cobrar um tributo tão pesado da população de uma comunidade.

VII – Simulacro e vertigem

P. 157. MECANISMO DA INICIAÇÃO. Trecho de H. Jeanmarie. Op. cit., p. 221-222.

Os bobos (de Alto Volta) oferecem, em uma versão um pouco mais grosseira, um sistema de instituições religiosas bastante análogo ao dos bambara. "Do" é o nome genérico que, nessa região, designa as sociedades religiosas cujos participantes se disfarçam com um conjunto de folhas e de fibras vegetais e com máscaras de madeira representando cabeças de animais, bem como a divindade que preside a essas cerimônias e à qual são consagrados, nos diversos vilarejos ou bairros de vilarejo, uma árvore e um poço próximo a ela. As máscaras (Koro, plural Kora, Simbo, plural Simboa) são confeccionadas e usadas pelos jovens de uma determinada faixa etária; o direito de conhecer seu mistério, de vesti-las e de exercer contra os não iniciados diversos privilégios, é adquirido em um dado momento pelos meninos da faixa etária seguinte, que, tendo se tornado grandes e cansados de serem perseguidos e atacados pelas máscaras, pedem para conhecer as "coisas do Do". Aconselhados pelos mais anciões do vilarejo, e depois de algumas conversas com os chefes das faixas etárias mais velhas, sua pretensão é acolhida sob a condição de antes presentearem seus anciões. A aquisição do Do, isto é, a revelação do segredo das máscaras, cumpre assim o papel desempenhado em outros lugares pelas cerimônias da puberdade. Os usos variam, naturalmente, segundo as localidades. Das exposições um pouco confusas, mas pitorescas e extremamente vivas dos informantes do Dr. Cremer, só citaremos dois esquemas cerimoniais.

Em um deles, que é facilmente deduzido dos testemunhos coincidentes de dois informantes, a cerimônia da revelação das máscaras se reduz a um simbolismo cujo caráter extremamente grosseiro não deixa de ter, em sua simplicidade, uma certa grandeza. Quando em um bairro há muitas crianças com a mesma idade e com a mesma altura, os velhos dizem que chegou o momento de mostrar as máscaras. O chefe do Do adverte os jovens previamente iniciados de que têm de confeccionar e vestir as roupas de folhas, o que é feito ritualmente. Começam já na parte da manhã. No fim do dia, as máscaras começam a andar e vão se sentar perto do vilarejo à espera do anoitecer, e são rodeadas pelos anciões. À noite, o sacerdote do Do chama os pais e os neófitos, que providenciaram oferendas tradicionais e galinhas para o sacrifício. Quando as crianças estão reunidas, o sacerdote aparece com um machado com o qual dá vários golpes na terra para chamar as máscaras. As crianças são deitadas e suas cabeças recobertas. Uma máscara chega correndo, salta em torno delas, assustando-as com os sons produzidos por uma espécie de apito chamado "pequena máscara". E, então, o velho pede-lhes que se levantem e agarrem a máscara que parte em fuga. Perseguem-na e acabam por capturá-la. O velho pergunta-lhes se sabem quem é a criatura que está assim coberta de folhas. Para que tomem conhecimento, o rosto do personagem mascarado é descoberto e as crianças o reconhecem imediatamente. Mas, ao mesmo tempo, são advertidos que revelar o segredo aos que o ignoram significaria atrair sobre si mesmos a morte. E, além do mais, um fosso havia sido aberto. É ele que se abrirá diante deles se traírem sua promessa e, provavelmente, também onde enterram a personalidade infantil abandonada pelas crianças. Simbolicamente, cada criança deve depositar no fosso várias folhas retiradas do costume do personagem mascarado. Depois de fechado, o ancião o sela batendo com a mão. Nos ritos de saída do lugar de iniciação e de retorno ao vilarejo que finalizam a cerimônia após o sacrifício, o banho ritual reduz-se ao mínimo: cada criança, ao passar diante, mergulha a mão em um recipiente que contém água. Na manhã seguinte, os jovens levam os novos iniciados para a mata e lhes ensinam a trançar e a vestir o costume.

Assim é o costume. Quando o segredo foi revelado a uma pessoa, esta passeia, *está viva*; uma outra pessoa que o ignora, *não está viva* (*Matériaux d'ethnographie et de linguistique soudanaises*, t. IV, 1927, segundo documentos reunidos pelo Dr. J. Cremer e publicados por H. Labouret).

P. 158. EXERCÍCIO DO PODER POLÍTICO PELAS MÁSCARAS. Caso da sociedade Kumang do Níger, que H. Jeanmarie compara à cerimônia descrita por Platão (*Critias*, 120 B) ao falar do julgamento mútuo dos dez reis da Atlântida:

Aqui, a autoridade social estava menos nas mãos dos chefes hereditários dos vilarejos do que nas dos dirigentes das "sociedades secretas", instrumentos dos anciões. A do Kumang (que seria análoga à do *Komo* bambara), atualmente em declínio, deixou a lembrança curiosamente lendária dos ritos sanguinários que perpetrava; eram celebrados a cada sete anos; apenas os anciões que haviam atingido o mais alto grau da sociedade eram admitidos, e o lugar onde ocorria a festa era interditado às mulheres, aos meninos e mesmo aos rapazes. Os velhos admitidos para participar da cerimônia deviam fornecer, além da cerveja, um touro preto destinado ao sacrifício. O animal era imolado, erguido e suspenso ao tronco de uma palmeira. Os celebrantes também deviam providenciar sua própria roupa cerimonial que, além de adornos para a cabeça, incluía uma calça e uma túnica de cor amarela. A convocação era feita pelo presidente da confraria e o seu anúncio produzia uma grande efervescência na região; a assembleia ocorria em uma clareira na floresta; os confrades sentavam-se em círculo em torno do presidente (*mare*), que se sentava sobre uma pele de carneiro preto recobrindo uma pele humana. Cada confrade tomara o cuidado de trazer seus venenos e drogas mágicas (*Korti* dos bambaras). Os sete primeiros dias destinavam-se aos sacrifícios, aos banquetes e às discussões. É provável que as entrevistas ocorridas nesse momento tivessem como objetivo principal chegar a um acordo sobre as pessoas que deveriam desaparecer. No fim dos sete dias, iniciava-se a parte importante do mistério, que era celebrado ao pé de uma árvore sagrada, supostamente a "Mãe do Kumang" e cuja madeira, efetivamente, servia para a fabricação das máscaras do Kumang. Ao pé da árvore um fosso fora feito, no fundo do qual estava ocultada a máscara, cuja manifestação também era a do deus da sociedade, e que continha um traje de penas. No dia marcado, enquanto os confrades mantinham-se sentados em círculo, com o rosto voltado para o interior, ela começava a surgir quase no fim da tarde. O griô da companhia salientava esta aparição com um canto retomado pela máscara, e ao qual respondiam os membros da confraria. A máscara começava a dançar; surgia pequena e ia aumentando pouco a pouco. Deixando o fosso, dançava agora em torno do círculo dos confrades, que, sem retornar, acompanhavam com batidas de mãos a dança do ser demoníaco; quem retornasse era morto. Aliás, assim que a máscara, cujo tamanho não parava de aumentar, havia começado sua dança, que se estendia noite adentro, a morte começava a atingir a população. A dança continuava por três dias seguidos, ao longo dos quais a máscara respondia em forma oracular às questões que lhe eram feitas; estas respostas valiam pelos sete anos que deviam transcorrer até a próxima reunião; no fim desses três dias, pronunciava-se também sobre o destino do presidente da confraria e anunciava se este devia ou não assistir à festa seguinte; se a resposta fosse negativa, devia morrer mais ou menos rapidamente ao longo do novo setenato, e sua substituição era imediatamente arranjada. De todo modo, durante esses dias, várias vítimas morriam, quer na massa da população, quer no círculo dos anciões (Segundo FROBENIUS, K. *Atlantis, Volksmärchen und Volksdichtungen Afrikas*. T. VII: *Dämonen des Suden*, 1924, p. 89ss.).

VIII – Competição e acaso

P. 194. INTENSIDADE DA IDENTIFICAÇÃO COM A ESTRELA. UM EXEMPLO: O CULTO A JAMES DEAN.

Foram vários os suicídios que ocorreram após a morte de Rodolfo Valentino, em 1926. Na periferia de Buenos Aires, em 1939, vários anos após a morte do cantor de tangos Carlos Gardel, carbonizado em um acidente de avião, duas irmãs se envolveram em lençóis embebidos de gasolina e atearam fogo para morrer como *ele*. Adolescentes americanas, para prestar homenagens a um cantor de sua preferência, reuniam-se em clubes barulhentos, sendo chamados, por exemplo, de "Aquelas que desmaiam quando Frank Sinatra aparece". Hoje, a sociedade de cinema *Warner Brothers*, onde trabalhava James Dean, morto prematuramente em 1956 no início do culto de que era objeto, recebe cerca de mil cartas por dia de admiradoras pesarosas. A maioria começa assim: "Caro Jimmy, sei que não morreu..." Um serviço especial tem a incumbência de manter a extravagante correspondência póstuma. Quatro jornais dedicam-se exclusivamente à memória do ator.

Um deles intitula-se: *James Dean retorna*. O boato de que nenhuma foto de seu enterro foi publicada espalha-se; pretende que o ator foi obrigado a se retirar do mundo, pois estaria totalmente desfigurado. Várias sessões de espiritismo evocam o desaparecido. Ele teria ditado a uma vendedora de supermercado chamada Joan Collins uma longa biografia em que afirma não ter morrido, e os que dizem o contrário estão errados. A obra vendeu 500 mil exemplares.

Em um dos jornais mais importantes de Paris, um experiente historiador, sensível aos sintomas reveladores da evolução dos costumes, reagiu ao fenômeno. Escreveu principalmente: "Choram em procissão sobre o túmulo de James Dean, como Vênus chorava sobre o túmulo de Adônis". Relembra oportunamente que oito livros, cada um deles com uma tiragem de 500 ou 600 mil exemplares, já lhe foram consagrados, e que seu pai escreveu sua biografia oficial. "Os psicanalistas, continua ele, exploram seu subconsciente usando suas declarações de bar. Não há nenhuma cidade nos Estados Unidos que não tenha seu clube James Dean, onde as fiéis comungam em sua lembrança e veneram suas relíquias". São avaliados em 3.800 milhões os membros dessas associações. Após a morte do herói, "suas roupas recortadas em ínfimos pedaços foram vendidas por um dólar o centímetro quadrado". O carro ao volante do qual morreu em um acidente a 160 quilômetros por hora "foi restaurado, levado de cidade em cidade. Por 25 centavos, as pessoas podiam se sentar alguns segundos ao volante. Quando acabou a turnê, foi desfeito e os pedaços vendidos em leilões"[96].

---

96 GAXOTTE, P. *Le Figaro*. O artigo é intitulado: *D'Hercule à James Dean*. Os semanários femininos, é evidente, publicam longas reportagens fotográficas sobre o herói e sobre a

P. 200s. RESSURGÊNCIAS DA VERTIGEM NAS CIVILIZA-ÇÕES ORGANIZADAS: OS INCIDENTES DE 31 DE DEZEMBRO DE 1956 EM ESTOCOLMO. O episódio em si é insignificante, sem futuro. Mas mostra a que ponto a ordem instituída permanece frágil na proporção exata em que é rigorosa, e como as potências de vertigem estão sempre prestes a vencer. Reproduzo a perspicaz análise da correspondente do jornal *Le Monde* na capital sueca:

> Na noite de 31 de dezembro, como o *Le Monde* observou, cinco mil jovens invadiram Kungsgatan – a artéria principal de Estocolmo – e durante quase três horas "mandaram na rua", molestando os transeuntes, virando carros, quebrando as vitrines e tentando finalmente erguer barricadas com as grades e os montantes arrancados do mercado mais próximo. Outros grupos de jovens vândalos derrubaram as velhas pedras tumulares que cercavam a igreja vizinha e, do alto da ponte que passa por cima do Kungsgatan, jogavam sacos de papel cheios de gasolina inflamada. Todas as forças de polícia disponíveis chegaram rapidamente a esses lugares. Mas seu número derrisório – uma centena de homens apenas – tornava sua tarefa difícil. Foi apenas depois de vários ataques, com sabres expostos e lutas corpo a corpo de dez contra um, que os policiais conseguiram dominar a situação. Vários deles, praticamente linchados, tiveram de ser transportados ao hospital. Uns quarenta manifestantes foram detidos. Sua idade variava entre 15 e 19 anos. "É a manifestação mais grave que jamais ocorreu na capital", declarou o chefe de polícia de Estocolmo.
>
> Estes acontecimentos provocaram na imprensa e nos meios responsáveis do país uma onda de indignação e de inquietude que está longe de se acalmar. Peda-

---

devoção delirante de que ele beneficia a título póstumo. Cf. tb. a análise do fenômeno na obra citada de Edgard Morin: *Les stars*. Paris, 1957, p. 119-131: "Le cas James Dean".

gogos, educadores, Igreja e inúmeros organismos sociais, que na Suécia trabalham junto à comunidade, interrogam-se ansiosamente sobre as causas desta estranha explosão. O fato em si não é, no entanto, novo. Todos os sábados à noite, as mesmas cenas de lutas se produzem no centro de Estocolmo e das principais cidades do interior. É a primeira vez, contudo, que esses incidentes atingem tal proporção.

Apresentam um caráter quase "kafkiano" de angústia, pois esses movimentos não são nem combinados nem premeditados; a manifestação não ocorre "por" alguma coisa nem "contra" alguém. Inexplicavelmente, dezenas, centenas, e segundas-feiras milhares, de jovens se encontram ali. Não se conhecem. Em comum têm apenas a idade; não obedecem a uma palavra de ordem nem a um chefe. São, em toda a acepção trágica do termo, "rebeldes sem causa".

Para o estrangeiro, que sob outros céus viu crianças serem mortas por alguma coisa, esta luta no vazio parece tão inacreditável quanto incompreensível. Se fosse mesmo o caso de um trote de mau gosto para "assustar um pouco os burgueses", sentir-nos-íamos tranquilizados. Mas os rostos desses adolescentes são carrancudos e maus. Não se divertem. Explodem de repente em um acesso de destruição mudo. O mais impressionante talvez seja seu silêncio. Em seu excelente livro sobre a Suécia, François-Régis Bastide havia escrito: "[...] esses desocupados tomados pelo terror da solidão [que] se reúnem, se aglutinam como pinguins, se apertam, grunhem, se injuriam com os dentes serrados, se socam sem um grito, sem uma palavra compreensível [...]".

Fora a famosa solidão e a angústia animal tantas vezes descrita provocadas por esta longa noite de inverno que começa às duas horas da tarde para se dissipar na vaga melancolia às dez horas da manhã, onde buscar a explicação de um fenômeno cujo eco encontramos sob outras formas em todas as "sementes de violência" da Europa ou da América? Porque na Suécia os fatos se destacam mais nitidamente do que em outra parte, a explicação que podemos encontrar aqui vale sem dúvida para os vândalos do *rock* e para os "selvagens de motocicleta" da América, sem esquecer dos *teddy-boys* londrinos.

A que grupo social pertencem primeiramente os jovens rebeldes? Vestidos como seus colegas americanos com jaquetas de couro sobre as quais se destacam caveiras e inscrições cabalísticas, em sua maioria também são filhos de operários ou de pequenos empregados. Eles próprios são aprendizes ou auxiliares de loja, ganham em sua idade salários que teriam feito sonhar as gerações precedentes. Este relativo bem-estar e, na Suécia, a certeza de um futuro estável, abolem a angústia do futuro e, ao mesmo tempo, tornam sem uso a combatividade outrora necessária para "construir um lugar na vida". Sob outros céus, ao contrário, o que provoca o desespero é o excesso de dificuldades em conseguir "penetrar" um mundo onde o trabalho cotidiano é desvalorizado em proveito da glória dos atores de cinema e dos gangsteres. Nos dois casos, a combatividade, privada de campo de ação válido, explode em um desregramento cego e desprovido de sentido... (FREDEN, E. *Le Monde*, 5 de janeiro de 1957).

IX – Ressurgências no mundo moderno

P. 204s. A MÁSCARA: ATRIBUTO DA INTRIGA AMOROSA E DA CONSPIRAÇÃO POLÍTICA, SÍMBOLO DE MISTÉRIO E DE ANGÚSTIA; SEU CARÁTER DUVIDOSO.

Por volta de 1700, na França, a máscara é divertimento de Corte. Favorece agradáveis equívocos. Mas permanece inquietante e, bruscamente, para um cronista tão realista quanto Saint-Simon, dá origem, da maneira mais desconcertante, a um fantástico digno de Hoffmann ou de Edgard Poe:

Bouligneux, primeiro-tenente, e Wartigny, marechal de campo, foram mortos diante de Verue; dois homens de grande valor, mas bem singulares. Foram confeccionadas, no inverno passado, várias máscaras de cera de pessoas da Corte, que eram usadas sob outras máscaras, de forma que, quando retiradas, éramos enganados ao tomar a segunda máscara como sendo o verdadeiro rosto, pois sob ela estava o rosto verdadeiro, bem diferente; nos divertíamos muito com esta futilidade. Neste inverno quisemos nos divertir um pouco mais com isso. Grande foi a surpresa quando encontramos todas essas máscaras naturais bem conservadas, e, assim como as havíamos guardado depois do Carnaval, exceto as de Bouligneux e de Wartigny, que, mesmo conservando sua perfeita semelhança, tinham a palidez e o emaciado de pessoas que acabam de morrer. Foi assim que apareceram em um baile e causaram tanto horror que tentamos recompô-las com batom, mas este desaparecia em instantes, e o emaciado não pôde ser consertado. Isso me pareceu tão extraordinário que considerei digno de ser relatado; mas não o teria feito se toda a Corte não tivesse, como eu, testemunhado e, por várias vezes, se surpreendido com essa estranha singularidade. No fim, nos desfizemos das máscaras. (*Mémoires* de Saint-Simon, Biblioteca da Pléiade, t. II, cap. XXIV (1704), 1949, p. 414-415.)

No século XVIII, Veneza é em parte uma civilização da máscara, que serve a todo tipo de usos e cujo emprego é regrado. Apresento o uso da *bautta* segundo Giovanni Comisso (*Les agents secrets de Venise au XVIIIe siècle*, documentos escolhidos e publicados por Giovanni Comisso, Paris, 1944, p. 37, nota 1).

A *bautta* consistia em uma espécie de mantilha com capuz preto e máscara. A origem desse nome é o grito: *bau, bau*, com o qual se assusta as crianças. Todos a usavam em Veneza, começando pelo Dodge, quando queria andar livremente pela cidade. Era imposta aos nobres, homens e mulheres, nos lugares públicos, para colocar um freio ao luxo e também para impedir que a classe patrícia fosse atingida em sua dignidade quando em contato com o povo. Nos teatros, os porteiros deviam verificar se os nobres estavam usando a *bautta* sobre o rosto, mas assim que estes entravam na sala, mantinham-na ou retiravam-na de acordo com sua vontade. Quando, por razões de Estado, deviam conferenciar com os embaixadores, os patrícios também deviam usá-la e, nessa ocasião, o cerimonial a prescrevia igualmente aos embaixadores.

O lobo é o *volto*: o *zendale* é um véu preto que envolve a cabeça; o *tabarro* é um capote leve usado por cima das outras vestimentas. Usam-no para conspirar e para irem aos lugares mal-afamados. Na maioria das vezes é de cor escarlate. A lei proíbe em princípio o seu uso. Por fim, há os disfarces do carnaval sobre os quais G. Comisso oferece as seguintes precisões:

> Entre os diferentes tipos de disfarces usados durante o Carnaval, havia os *gnaghe*, homens, vestidos de mulher ou não, que imitavam o timbre de determinadas vozes femininas; os *tati*, que deviam representar os adultos idiotas; os *bernardoni*, camuflados em mendigos afligidos de deformidades ou doenças; os *pitochi*, vestidos como miseráveis. Foi Giacomo Casanova que, no decorrer de um Carnaval em Milão, teve a ideia de uma fantasia original de *pitocchi*. Seus companheiros e ele vestiram belas e preciosas roupas, que a tesouradas cortaram em diferentes lugares, os rasgos sendo reparados com a ajuda de pedaços de tecidos igualmente preciosos e de cores diferentes. *Mémoires*, t. V, capítulo XI (COMISSO. Op. cit., p. 133, nota 1).

O lado ritual, estereotipado, da fantasia é muito evidente. Ainda manifestava-se por volta de 1940 no Carnaval do Rio de Janeiro.

Entre os autores modernos que analisaram com mais êxito a perturbação que emana do uso da máscara, Jean Lorrain pode reivindicar um importante lugar. As reflexões que introduzem o relato intitulado *L'un d'eux* em sua coletânea de contos *Histoires de masques* (Paris, 1900, prefácio de Gustave Coquiot, igualmente sobre as máscaras, mas insignificante) merecem ser reproduzidas:

> O atraente e repulsivo mistério da máscara, quem poderá um dia oferecer sua técnica, explicar seus motivos e demonstrar logicamente a imperiosa necessidade à qual alguns seres cedem, em determinados dias, de se maquiar, de se disfarçar, de mudar sua identidade, de deixar de ser o que são; em resumo, de se evadir deles mesmos?
>
> Que instintos, que apetites, que esperanças, que cobiças, que doenças de alma escondem o papelão grosseiramente colorido com falsos maxilares e falsos narizes, sob a crina de falsas barbas, o cetim brilhante dos lobos ou o lençol branco dos capuzes! A qual embriaguez de haxixe ou de morfina, a qual esquecimento de si mesmos, a qual equívoco e má aventura se precipitam, nos dias de bailes de máscaras, esses lamentáveis e grotescos desfiles de arlequins e de penitentes?
>
> Embora barulhentas, exageradas nos movimentos e gestos, a alegria dessas máscaras é triste; são mais espectros do que vivos. Como os fantasmas, a maioria anda envolvida em tecidos com longas pregas e, como os fantasmas, não vemos seus rostos. Por que não estiges sob esses largos camafeus, enquadrando faces rígidas de veludo e de seda? Por que não o vazio e o nada sob essas vastas túnicas de pierrô arranjadas à maneira de sudários sobre ângulos agudos de tíbias e de úmeros? Essa humanidade, que se esconde para se misturar à multidão, já não está fora da natureza e fora da lei? É evidentemente malfeitora, pois quer manter o incógnito; mal-intencionada e culpada, pois busca enganar a suposição e o instinto; sardônica e macabra, preenche com encontrões, brincadeiras e algazarras o

estupor hesitante das ruas; faz tremer deliciosamente as mulheres, cair em risos as crianças e sonhar vilmente os homens, subitamente inquietos diante do sexo ambíguo dos disfarces.

A máscara é a face perturbada e perturbadora do desconhecido, é o sorriso da mentira, é a alma mesma da perversidade que sabe corromper aterrorizando; é a luxúria apimentada do medo, a angustiante e deliciosa *alea* deste desafio lançado à curiosidade dos sentidos: "Será feia? Será belo? Será jovem? Será velha?" É a galanteria temperada de macabro e realçada, quem sabe com uma pitada de ignóbil e de gosto de sangue. Onde terminará a aventura? Em uma pensão ou na casa de uma importante prostituta, talvez na delegacia, pois os ladrões também se escondem para cometer seus golpes e, assim como seus solicitantes e terríveis rostos falsos, as máscaras conduzem tanto aos lugares de perigo quanto ao cemitério: há algo nelas do malfeito, da meretriz e do fantasma (*Histoires de masques*, p. 3-6).

Coleção Clássicos do Jogo

– *O brincar da criança* – *Estudo sobre o desenvolvimento infantil*
Philippe Gutton

– *Iniciação à atividade intelectual e motora pelos jogos educativos*
Dr. Ovide Decroly e Srta. Eugénie Monchamp

– *Os jogos e os homens* – *A máscara e a vertigem*
Roger Caillois

Conecte-se conosco:

f facebook.com/editoravozes

⧠ @editoravozes

🐦 @editora_vozes

▶ youtube.com/editoravozes

🟢 +55 24 2233-9033

www.vozes.com.br

Conheça nossas lojas:

www.livrariavozes.com.br

Belo Horizonte – Brasília – Campinas – Cuiabá – Curitiba
Fortaleza – Juiz de Fora – Petrópolis – Recife – São Paulo

  Vozes de Bolso

EDITORA VOZES LTDA.
Rua Frei Luís, 100 – Centro – Cep 25689-900 – Petrópolis, RJ
Tel.: (24) 2233-9000 – E-mail: vendas@vozes.com.br